Marsilio ANCORA

CHICCO
TESTA

ELOGIO DELLA CRESCITA FELICE

CONTRO
L'INTEGRALISMO
ECOLOGICO

Marsilio ANCORA

Prima edizione: settembre 2020
ISBN 978-88-297-0700-3
www.marsilioeditori.it
Realizzazione editoriale: Nicola Giacobbo

Indice

Ai miei figli

Il dubbio è uno dei nomi
dell'intelligenza.
JORGE LUIS BORGES

NON ANDRÀ TUTTO BENE.
L'AMBIENTE AI TEMPI DEL CORONAVIRUS

La natura è una grande macchina che produce vita e morte. Fa nascere e fa morire. Tutto: dal piccolissimo al grandissimo. Dai batteri alle galassie. Si nasce e si muore ed è solo una questione di tempo. Ottant'anni e rotti per un uomo o una donna occidentali (in media), 4,5 miliardi di anni (da adesso) per il Sole (tanto per fare un esempio). Da questa macchina abbiamo molto da imparare e molto da capire. Ma non è una macchina né giusta, né buona, né bella. Questi sono giudizi e proiezioni umani. La natura di noi non si cura. Va avanti e basta. E quando la si usa per giustificare comportamenti, giudizi e valori si producono errori e talvolta tragedie. La lunga storia della specie umana è contraddistinta invece dagli sforzi continui per superare i limiti impostici dalla natura. È un lungo viaggio dal naturale all'artificiale. E lo abbiamo fatto grazie alla nostra intelligenza e soprattutto alle tecnologie sempre nuove di cui disponiamo.

Per avvalorare questa tesi in un libro precedente per Marsilio, *Contro (la) natura. Perché la natura non è buona né giusta né bella*, scritto con Patrizia Feletig, invitavo, fra le altre cose, a rivolgere lo sguardo verso ciò che potremmo chiamare «l'infinitamente piccolo». Vale a dire virus e batteri. Abbiamo scoperto in questi mesi che un virus ha dimensioni che si misurano in nanometri (milionesimi di millimetro), che sono l'entità biologica più diffusa sul nostro pianeta, che si riproducono solo infettando una cellula e che esistono fin dalla comparsa delle prime cellule viventi. Si sono evoluti insieme a queste cellule, da cui poi, in un processo durato miliardi di anni, si sono sviluppate forme di vita più complesse, compresa la specie umana. Quindi in un certo senso sono fra i nostri progenitori, ma con qualche miliardo di anni in più sulle spalle. Sono responsabili di diverse malattie e attaccano indifferentemente uomini, animali e piante.

Aggiungevo in quel libro che se avessi dovuto indicare da dove sarebbero potuti venire i rischi più grandi per la specie umana, l'esplosione di un'epidemia/pandemia sarebbe stata al primo posto. E che la natura era ancora il primo «nemico». Tutt'altro che quel giardino incantato, dono di Dio, che ci piace raccontare. Amiamo la natura che abbiamo addomesticato o abbiamo trasformato in paesaggio. Non sono ovviamente felice di averci visto giusto.

Epidemie e pestilenze dovute a virus e batteri hanno accompagnato la storia dell'umanità. Forse di un'infezione batterica morì Alessandro Magno, di certo ne morì Pericle durante la peste ateniese nel v secolo a.C. L'impero romano subì le conseguenze della peste giustinianea nel vi secolo d.C. Tutti gli studenti italiani sanno qualche cosa della peste del xiv secolo grazie alle novelle di Boccaccio, e di quella del Seicento grazie ai *Promessi sposi*. L'emergere del coronavirus ha poi richiamato alla memoria epidemie più recenti. Da quella drammatica degli anni 1919-1920, la «spagnola», a quella «asiatica» della fine degli anni cinquanta.

Alcune di queste epidemie hanno avuto conseguenze enormi. Hanno letteralmente spopolato l'Europa durante il medioevo o provocato decine di milioni di morti. Per la spagnola, qualche studioso arriva a ipotizzare fino a cento milioni di morti. Su meno di due miliardi di persone. Il 5% di tutti gli esseri umani. Contro questo tipo di malattie abbiamo solo due difese. Una che abbiamo messo in campo anche noi italiani è quella di isolarci per evitare il contagio. Medicina dolorosa e che se prolungata nel tempo recide l'anima sociale di noi esseri umani e provoca danni economici ingenti. La seconda è attraverso la scienza, se capace di mettere a punto rimedi, *alias* vaccini, in grado di rafforzare le nostre difese immunitarie. Se cioè siamo in grado di fare qualche cosa «contro natura». Se vogliamo con una forzatura considerare contro natura la legittima aspirazione di ogni individuo e della specie umana a sopravvivere e continuare a riprodursi. Il che è un comportamento perfettamente naturale.

Così facendo, però, ostacoliamo il naturale corso delle cose. Virus e batteri selezionano le specie viventi. Fanno strage degli individui più deboli, come gli anziani e le persone afflitte da malattie, e rafforzano quelli più forti, ad esempio i bambini che sviluppano i necessari anticorpi. Questa è la specie umana. Naturale per un verso nel suo desiderio di vivere e riprodursi, innaturale, se così possiamo dire, quando interviene nei meccanismi naturali per difendersi o per usarli per la propria utilità, come fa da molti millenni l'agricoltore che addomestica piante e animali per cibarsene, e come fa con forza assai maggiore l'uomo contemporaneo che ha inventato numerose tecnologie che lo proteggono da molte minacce naturali e ne potenziano le facoltà. Lo facciamo da secoli in ogni parte del mondo e sotto i più diversi regimi politici.

Non possiamo sfuggire a questo destino. È inscritto nel nostro codice genetico il desiderio di vivere a lungo e in buone condizioni, di riprodurci, di «popolare la Terra». Nel fare questo facciamo anche errori. Errori per mancate conoscenze dei meccanismi che governano gli equilibri ecologici ed errori dovuti anche a un certo superomismo che ci porta a sfidare confini inesplorati. Errori controproducenti.

Per la nostra epoca è stata coniata l'espressione «antropocene». Antonio Stoppani, formidabile geologo italiano, già nel 1873 proponeva il termine «era antropologica». Il significato è facile da dedurre. Un'epoca, anzi un'era geologica, in cui la nostra specie è divenuta dominante ed è in grado di modificare più di ogni altra specie l'ambiente circostante. La prova madre sarebbe nelle variazioni climatiche provocate dall'eccesso di gas climalteranti prodotti proprio dalle attività umane. In effetti, nessuna specie è riuscita a modificare così profondamente l'ambiente per la propria utilità. Sulle conseguenze di questa nuova epoca sono state dette e scritte milioni di cose. Molti hanno denunciato i rischi derivanti da cambiamenti così profondi, dal riscaldamento globale all'inquinamento, dalla riduzione della biodiversità alla minaccia per le nostre foreste. Altri ne hanno tratto spunto per considerazioni filosofico-morali sulla *hybris* (tracotanza, eccesso, superbia, prevaricazione) dell'uomo moderno. Il papa è arrivato a definire «peccato» la violazione di alcuni equilibri ambientali. Il tutto fondato sul presupposto dell'assoluta predominanza della nostra specie, data per certa e acquisita.

Il coronavirus ci ha riportato sulla Terra. Ha prodotto una seconda rivoluzione copernicana. L'universo non ruota più intorno a noi dai tempi di Copernico e Galileo e la natura non ruota più, da oggi, intorno a noi. Abbiamo ri-scoperto la nostra essenza naturale, siamo animali anche noi e quindi sottoposti come tutte le specie agli attacchi dei predatori. È finita la storia del pianeta Terra come dono divino che noi ingiuriamo e la selezione naturale di Darwin è uscita dai libri di biologia per diventare attualità. Mutano i virus e noi speriamo di mutare insieme a loro sviluppando i necessari anticorpi. E dobbiamo difenderci. Con ogni mezzo a disposizione. Riconosciamo la selezione naturale, ma cerchiamo di opporci ad essa. Il pianeta Terra non è a rischio. Comunque vadano le cose ci sopravviverà. Esisteva prima di noi, esisterà dopo di noi. Noi possiamo essere a rischio. Lo siamo sempre stati e continuiamo a esserlo.

Ma non sarà certo tornando indietro verso un ipotetico e irrealizzabile stato di natura che risolveremo i nostri problemi. Stiamo verificando in questi giorni che cosa significa la decrescita. Probabilmente il cielo di Lombardia si è rasserenato come ai tempi di Manzoni («quel cielo di Lombardia, così bello quand'è bello, così splendido, così in pace»), ma confesso che lo avrei preferito magari un po' più grigio, perché segnato dalle mille attività umane che si svolgono in quella regione e da qualche decina di migliaia di morti in meno. Certo il rallentamento delle attività umane in tutto il mondo ha portato anche al miglioramento di alcuni parametri ambientali. Abbiamo brevemente sperimentato come potrebbe essere il mondo con un minore impatto ambientale. Ma il prezzo che abbiamo e stiamo pagando è enorme. La decrescita auspicata da alcuni ci è stata imposta da cause esterne e non volute. Se poi saremo in grado di avere il cielo azzurro e pulito e con milioni di persone al lavoro e in movimento, tanto di guadagnato. Ma per ottenere quel risultato dobbiamo fare ancora tanto lavoro e tanti miglioramenti tecnologici da raggiungere. Per i quali abbiamo a disposizione un'arma formidabile: il nostro cervello. Da usare in modo appropriato.

Il coronavirus ha anche portato alla luce antichi tic culturali che attraversano le varie famiglie ideologiche italiane. Anziché porsi con umiltà di fronte a un'epidemia che ci ha colto certamente impreparati, ma che per certi versi appartiene alla storia del mondo e a quella della nostra specie, periodicamente falcidiata da virus e batteri, alcuni gruppi e diversi intellettuali anche autorevoli, sono andati alla ricerca di spiegazioni che avvalorassero le loro preesistenti idee. Secondo queste stravaganti teorie, il mondo non si è ammalato ora. Il mondo era ammalato prima e l'epidemia non è altro che la conseguenza di queste antiche malattie preesistenti. Non sono fra coloro che pensano che prima tutto andasse bene, ma rimango inorridito di fronte a una certa soddisfazione che si legge in queste teorie. Un «ve lo avevamo detto» un poco tronfio e con poca *pietas* nei confronti di chi in questa epidemia ha perso la vita o l'attività economica che lo sosteneva.

Soprattutto, la maggior parte di queste teorie, se non tutte, sono completamente strampalate, mancano di logica elementare. Si va da quelli che pensano che i virus viaggino sulle onde del 5G, che in Italia peraltro è ancora assai poco diffuso, a quelli che accusano la dieta con consumo di carne. Da quelli che attribuiscono la causa al cambiamento climatico a quelli che, ovviamente, la individuano nel capitalismo. Dagli accusatori della deforestazione a quelli che ce l'hanno con il tessuto delle piccole e medie imprese. E la grande accusata di sempre: la globalizzazione. Certo un mondo popolato da più di sette miliardi di persone e con un altissimo numero di scambi fisici è molto più permeabile a un'infezione trasmissibile di un mondo abitato da poche persone. Il che per la verità non ha impedito nel passato, come abbiamo visto, l'emergere di epidemie drammatiche che hanno colpito la popolazione con percentuali oggi inimmaginabili. Se il coronavirus di oggi avesse lo stesso impatto dell'influenza spagnola dovremmo parlare di qualche cosa come più di cinquecento milioni di morti nel mondo e di alcuni milioni solo in Italia. Se questo non avviene è perché, al contrario dei nostri antenati, conosciamo il nemico, lo studiamo, siamo in grado di erigere barriere, di curare buona parte di chi si ammala e di sperare che prima o poi si trovi la cura definitiva sotto forma di un vaccino.

E questo è il risultato dei progressi che abbiano fatto soprattutto nel secondo dopoguerra. Onestamente la situazione che stiamo vivendo non mi rende più critico rispetto al passato. Il coronavirus non aiuta a risolvere i problemi. Li aggrava. E invece, in molti commentatori emerge un disprezzo per il mondo che c'era che può essere spiegato solo con un furore ideologico che ottenebra la mente. La vita in queste settimane è peggiorata per tutti e ancor più per le fasce più deboli. Poveri, anziani, famiglie numerose dotate di abitazioni insufficienti. Eppure mai tante volte il binomio crisi/opportunità è stato citato come in questa e lunga fase. Ma l'idea che i cambiamenti avvengano attraverso le crisi non è né particolarmente vera né particolarmente attraente. Certo, la ricostruzione italiana. Il dopoguerra è una gran bella storia. Sarebbe stata ancora più bella se non avesse avuto alle spalle una guerra che ha distrutto il paese e fatto milioni di morti. O qualcuno pensa che la seconda guerra mondiale sia stata l'esempio di una bella crisi che ha poi aperto tante opportunità? Eppure tocca leggere ogni giorno commenti a ditino alzato che ci spiegano com'era intollerabile il mondo che c'era e come sarà magnifico il mondo che verrà. Un po' come nella canzone di Lucio Dalla, «Ci sarà da mangiare e luce tutto l'anno / Anche i muti potranno parlare / Mentre i sordi già lo fanno».

A me risulta il contrario. Che è durante i periodi di crescita economica e di benessere che si migliora e le innovazioni aumentano la qualità della nostra vita. Com'è avvenuto negli ultimi settant'anni della nostra storia. Ma a qualcuno non pare vero di poter usare il coronavirus per colpevolizzare il passato. Leggevo su un settimanale una vera summa di questa concezione, il dialogo fra Gustavo Zagrebelsky, illustre giurista, e Paolo Vineis, epidemiologo, dal titolo avventurosamente programmatico, *Dopo il coronavirus il nostro pianeta sarà tutto da rifare*. Vasto programma, quasi divino. Dove il virus diventa il pretesto per riproporre antichi tic che c'entrano con il virus come i cavoli a merenda. Si chiede Zagrebelsky: «se le cause di quelle passate, presenti e future non sia il virus in sé, ma siano cose come le deforestazioni, lo stravolgimento di interi habitat naturali, l'inquinamento e il deperimento delle capacità respiratorie, il cambiamento climatico e la desertificazione». E ancora, «da questo punto di vista potremmo essere noi il virus della Terra». La stessa domanda deve essersi fatto Pericle spazzato via dalla peste ateniese nel v secolo a.C., o i milioni di morti europei subito dopo la prima guerra mondiale causati dall'influenza spagnola. Epoche, trascurando tutte le altre numerose epidemie di mezzo, com'è noto contraddistinte da devastazioni ecologiche gigantesche.

L'errore è sempre quello, ed è duplice. Da una parte, una sorta di pagano neopanteismo che identifica la natura come un organismo razionale e un bene in sé, addirittura dotata di «anima», e l'uomo come l'intruso colpevole. Visione avvalorata anche, e questo è alquanto stupefacente, da papa Francesco, che non a caso è citato continuamente. L'umanità è colpevole e deve espiare la sua colpa. L'esatto contrario di quanto dimostra il virus: vale a dire che noi siamo parte della natura e ci evolviamo insieme ad essa. Dall'altra, il rifiuto del mondo e dell'umanità in quanto tale, nella sua storia data e nel suo «crescere e moltiplicarsi». E sì, siamo sette miliardi e rotti, e questo comporta qualche problema in più. Anche una nostra maggiore responsabilità, certo.

La totale assenza di logica non ferma i fautori del nuovo mondo. Ma temo potrebbero restare delusi. Perché una crisi di questo genere, soprattutto se perdurasse, non rende la gente migliore, anzi la incattivisce, e non moltiplica le risorse disponibili, ma esattamente il contrario. È nei periodi di crescita con la possibilità di immaginare un futuro positivo che il mondo può migliorare. Per una ragione molto semplice: ha le risorse per farlo.

La situazione che dovremo affrontare, invece, avrà qualche problema non da poco. Debito pubblico alle stelle e quindi spazio relativo per manovre economiche espansive anche ricorrendo massicciamente al debito, risparmi privati erosi, investimenti posticipati, scarsa fiducia nel futuro, riduzione dei consumi, scomparsa di migliaia di imprese. Martin Wolf, sul «Financial Times» ha parlato di «collasso dell'economia». E per l'Italia occorre aggiungere una governance confusa e contraddittoria, profondi contrasti nell'identificazione dell'interesse nazionale, un corpo sociale diviso fra protetti e non protetti, sovranismi e populismi rampanti che troveranno terreno ancora più fertile a mano a mano che le conseguenze sociali si faranno sentire con forza ancora maggiore della crisi del 2007-2013.

Pensare che l'uscita da questa situazione, magari sotto la guida illuminata dello Stato italiano, possa assumere caratteri positivi mi pare piuttosto illusorio. Saremo piuttosto di fronte a un impetuoso ritorno di bisogni materiali primari, a causa di un impoverimento generale. La crisi opererà in maniera selettiva. Scartando e mettendo da parte orpelli con cui ci siamo trastullati negli anni passati. Sopravvivranno tecnologie e sistemi di produzione realmente capaci di creare valore aggiunto.

Potrebbe essere messa a dura prova anche la transizione energetica *green*. Caduta verticale del prezzo del petrolio e dei combustibili fossili da un lato e caduta del prezzo della CO_2 dall'altro possono produrre l'effetto di ritardare investimenti di efficientamento e costringeranno le fonti rinnovabili a confrontarsi con scenari di costo impensabili fino a ieri. L'auto torna a essere il mezzo che garantisce la privacy, questa volta intesa come protezione sanitaria, mentre i mezzi pubblici saranno penalizzati dalla necessità e dal desiderio di evitare gli affollamenti. Una parte delle piattaforme di condivisione è collassata con i settori annessi (turismo e trasporti) mentre si comincia a parlare di *low touch economy*, di *smart working* ma non solo, che dà spazio ad altre piattaforme innovative. Sarà un cambiamento distruttivo e non tutti sopravvivranno.

Per questo è velleitario pensare che le cose andranno meglio «dopo». Al contrario, la storia dell'ambientalismo mondiale e dei suoi indubbi successi dimostra che esso si afferma e trova ascolto in società ricche, che cominciano a prestare attenzione a bisogni cosiddetti «postmateriali», come li ha definiti la sociologia americana negli anni sessanta e settanta. Gramsci aveva scritto cose simili molti anni prima a proposito della psicanalisi. Il cui bisogno cominciava a manifestarsi solo sopra un certo livello di reddito. Se sei affamato non troverai il tempo per interrogarti sui conflitti irrisolti con tua madre. Se sei impegnato a sopravvivere e a sbarcare il lunario a ogni costo, probabilmente non avrai tempo per interrogarti sui danni dell'inquinamento urbano. Vedi la classe operaia inglese descritta da Engels, talmente affamata da non vedere o essere consapevole del tremendo inquinamento da carbone nell'Inghilterra di allora. È solo nel momento in cui te lo puoi permettere, individualmente e collettivamente, perché disponi delle risorse personali (tempo libero, cultura, consapevolezza, possibilità di scelta) e collettive (investimenti, legislazione, incentivi) che il problema emerge.

Oggi siamo piuttosto nelle condizioni di un impetuoso ritorno di bisogni materiali primari a fronte di un impoverimento generale. E sarà la controprova del fatto che non è la crescita economica la nemica dell'ambiente. A che serve avere il cielo pulito sopra Milano se la città si intristisce mortalmente dietro le persiane di ogni abitazione? C'è una domanda che circola: le preoccupazioni ambientali e le politiche conseguenti sono destinate a essere messe in secondo piano da questa crisi? Alcuni entusiasti (ci sono sempre) la vivono addirittura come una palingenesi destinata a traghettarci in un colpo solo nel «mondo nuovo» tanto agognato. Frugalità, socialità, una bella ripartenza fatta di tecnologie pulite e amichevoli. Non facciamo l'errore di scambiare l'Europa con il resto del mondo. Le grandi partite ambientali non si giocano, se non in quota modesta, in questa parte del globo. Si giocano in Cina, in India, più in generale in Asia e in Africa. Europa, Usa e Giappone fanno insieme il 17% della popolazione mondiale.

Scommetto, quindi, che «non andrà tutto bene». I brasiliani, abitanti di un paese ancora povero, hanno votato Bolsonaro che considera la foresta amazzonica un bene a sua disposizione. I cinesi, raggiunto un certo benessere economico, hanno cominciato a preoccuparsi seriamente dell'inquinamento urbano e del proliferare di rifiuti abbandonati. Ma continuano a costruire centinaia di centrali a carbone per soddisfare il loro enorme fabbisogno di energia. Milano, Genova, Torino (lo storico triangolo industriale), con la nuova realtà verso est del Veneto e verso sud dell'Emilia, sono ancora un'area con grossi problemi di inquinamento. Prevalentemente da traffico e da riscaldamento, visto che buona parte dei vecchi impianti industriali non sono più attivi. Ma esso è diminuito del 90% rispetto a qualche decennio fa. Perché le industrie si sono delocalizzate e perché abbiamo potuto investire in apparati più efficienti e in sistemi di abbattimento dei fumi. Anche dal punto di vista ambientale, possiamo dire che è la povertà il problema maggiore.

Non abbiamo quindi bisogno di palingenesi rivoluzionarie che, come nelle teorie della Terza internazionale comunista, sarebbero inevitabilmente provocate dalla crisi del capitalismo, dalla globalizzazione o, adesso, dalle distruzioni causate dall'effetto serra. Abbiamo bisogno di un serio riformismo ambientale. Che faccia affidamento sull'innovazione tecnologica, sulla possibilità per aziende e famiglie di investire in oggetti più amichevoli per l'ambiente e sulla capacità dello Stato italiano e dell'Unione europea di indirizzare la legislazione verso obiettivi ambientali. Il meglio chiama sempre il meglio. Il peggio, il contrario.

IL FASCINO INDISCRETO DEL CATASTROFISMO

Nel suo *La città di Dio* sant'Agostino teorizza forse per la prima volta una certa filosofia della storia. Quella per cui la storia umana progredirebbe inevitabilmente dal male al bene, dal mondano al divino. Dal regno degli uomini a quello di Dio. Altri, tanti, più laicamente, hanno visto la storia come una progressiva affermazione della libertà e dell'emancipazione umana. Spesso contraddetti dalle terribili tragedie che a periodi più o meno regolari hanno infierito su di noi. Tragedie provocate dall'uomo stesso, basti pensare al Novecento, apertosi con le speranza della Belle Époque e poi precipitato nel disastro delle due guerre mondiali e delle dittature. Per poi ripartire, almeno in Occidente, con il più lungo periodo di crescita economica e di benessere mai sperimentato prima. Alcune volte i disastri hanno preso la forma di punizioni quasi divine: terremoti, eruzioni vulcaniche, tsunami, epidemie che ci hanno colto indifesi. Così da Agostino in poi non ci sono stati solo gli ottimisti, ma anche i catastrofisti. Forse i più celebri quelli dell'anno Mille, i millenaristi, immaginato come l'ultimo anno della storia umana, quello in cui sarebbero arrivate l'Apocalisse, preconizzata da san Giovanni, e la fine del mondo. Vi ricorda qualche cosa?

Le due tendenze coesistono nel pensiero, spesso sovrapponendosi. Il millenarista immagina la fine del mondo come l'inizio di una nuova era. Non ama il presente e lo vede condannato. In cambio coltiva l'utopia di una realtà completamente diversa. Le origini del millenarismo sono di natura religiosa e la rottura prevista, l'Apocalisse, apre all'inizio del regno di Dio con la salvezza dei «giusti». Esiste anche una versione mondana del millenarismo. Il nuovo mondo sarebbe in questo caso un mondo terreno, più giusto e più felice. Il millenarismo ha trovato ampio spazio soprattutto in movimenti che raccoglievano i ceti sociali più poveri e disperati. Ma sotto altre vesti questa interpretazione della storia ha trovato spazio anche in dottrine politiche, che hanno continuato a leggere il corso della storia come l'inevitabile affermarsi di società più libere e giuste. Il marxismo, nelle sue varie versioni, è stata probabilmente la più potente di queste dottrine. Anche qui passando attraverso un'apocalisse mondana, l'inevitabile crollo del capitalismo e dell'imperialismo, che avrebbe aperto le porte al socialismo e al comunismo. Ma anche un certo liberalismo, quello che ha visto nella caduta del muro di Berlino «la fine della storia», commette lo stesso errore.

L'evocazione della catastrofe, reale o forse possibile, è inoltre un potente strumento di interpretazione e di mobilitazione. I movimenti ambientalisti hanno fatto e fanno largo uso di questo strumento. La fine della natura, le apocalissi della biodiversità, il pericolo assoluto del nucleare e adesso l'ora finale del riscaldamento del pianeta. Pericoli che non vanno sottovalutati. Ma la narrazione che se ne fa è largamente ben oltre gli effetti pratici negativi che si verificano. Una distonia di fondo, un vedere solo quel che si vuol vedere, uno *storytelling* tutto indirizzato ad amplificare ogni rischio.

Si possono fare molti esempi. I due incidenti nucleari che si sono verificati, Chernobyl e Fukushima, hanno certo avuto effetti molto negativi, ma un bilancio ragionevole ci porta molto lontano dalle descrizioni mediatiche che ne sono state fatte. Soprattutto lontano dagli effetti negativi che l'uso esteso del carbone, il principale combustibile fossile nella produzione di energia e di cui il nucleare rappresenta la più importante alternativa, provoca con un inquinamento meno catastrofico del singolo evento nucleare negativo, ma assai più sottilmente e costantemente negativo. In termini di morti causate stiamo parlando di poche decine contro centinaia di migliaia. La mobilità privata, l'uso dell'auto produce nel mondo circa centomila morti l'anno. E circa un milione di persone ferite in modo più o meno grave. In Italia tremila morti ogni anno. Il che vuol dire che ogni giorno perdono la vita ottantuno persone. Eppure nemmeno lontanamente assistiamo a battaglie mediatiche della portata di quelle di cui siamo stati spettatori contro il nucleare. Le motivazioni sono piuttosto semplici da spiegare. Nel primo caso abbiamo l'evento singolo, isolato, la cui responsabilità appartiene di solito a una grande impresa elettrica, facilmente indicabile come colpevole. Nel secondo caso le responsabilità vanno attribuite a milioni di individui che fanno uso di quel mezzo di trasporto. Difficile quindi individuare il «capro espiatorio», da sempre potente strumento di mobilitazione.

Cosa voglio dire? La possibilità di eventi catastrofici è sempre di fronte a noi. Eventi catastrofici sia dovuti a responsabilità umane, sia provocati da fattori naturali (terremoti, eruzioni, inondazioni). Li ha classificati recentemente l'«Economist», includendovi il cosiddetto «effetto Carrington», vale a a dire ricorrenti tempeste magnetiche di origine solare, che potrebbero, se particolarmente violente, mettere fuori uso tutte le reti energetiche e di comunicazione per un periodo indefinito. Una sorta di inverno nucleare che ci metterebbe letteralmente in ginocchio.

Escludendo effetti estremi di questo genere, la nostra capacità di fronteggiare le calamità, di resistere e di controllare le avversità è enormemente aumentata. Prendiamo il caso delle vittime associate ai disastri naturali. Anche qui c'è una narrazione che amplifica questi dati. Ma come stanno realmente le cose? In primo luogo, è vero che vi è un aumento degli avvenimenti calamitosi di una certa categoria, tornado, piogge torrenziali, inondazioni probabilmente dovuti alla modificazione della temperatura e a una certa tropicalizzazione del clima. Ma allo stesso tempo constatiamo una drastica diminuzione della mortalità associata, sia in termini assoluti sia, ancora di più, come percentuale sul totale della popolazione. Nell'ultimo decennio parliamo di circa sessantamila morti l'anno, pari a meno dello 0,1% della popolazione mondiale. Se guardate la carta geografica di Miami all'inizio del Novecento trovate un solo edificio di una certa dimensione e poche casupole sparse. Evidentemente quando un evento calamitoso si abbatte sulla Miami contemporanea, densamente costruita e abitata, produce danni maggiori. Inoltre la causa principale di queste morti non è più da attribuire a eventi di un certo tipo, come le carestie che una volta falcidiavano la popolazione, ma piuttosto a terremoti ed eruzioni vulcaniche. In altri termini, a eventi non attribuibili a cause umane e difficilmente controllabili, o, ancor più, assolutamente imprevedibili.

La maggior parte delle perdite di vite umane si registra nei paesi poveri, che non dispongono delle necessarie contromisure, sia in termini di prevenzione, sia per gli interventi post-disastro. È noto che un terremoto in Giappone produce un numero di morti assolutamente inferiore, grazie alle misure antisismiche adottate, di uno stesso evento in un paese asiatico dove queste misure sono completamente assenti. O, purtroppo, in Italia, dove la maggior parte delle abitazioni risale a epoche in cui non erano previsti e nemmeno disponibili criteri costruttivi antisismici.

Il controllo delle potenziali epidemie o la diminuzione del numero di decessi a causa di eventi naturali catastrofici hanno una cosa in comune. La capacità della specie umana, grazie allo sviluppo tecnologico, di governare i fenomeni naturali estremi, un virus pericoloso o un terremoto devastante, è enormemente cresciuta. Il Giappone è uno dei paesi più densamente popolati (solo la Grande Tokyo arriva a contare quaranta milioni di abitanti), ma ha saputo insediarsi in un territorio fra i più sismici del mondo, grazie alla sua ricchezza e a tecniche di costruzione assai avanzate. Oggi siamo in grado di sequenziare, cioè di leggere la struttura di un nuovo virus, di isolarlo e di prendere le necessarie contromisure. Grazie a centri di ricerca pubblici e privati dotati di strumenti di analisi avanzatissimi, allo sviluppo della genetica, alla collaborazione fra scienziati. Quando un virus viene individuato, la sua struttura viene subito diffusa e i laboratori di tutto il mondo, con migliaia di ricercatori, come i componenti di una batteria antiaerea diffusa capillarmente, mettono in moto le armi di difesa. E di solito hanno successo.

Con questo non voglio dire che un evento catastrofico estremo non sia talvolta possibile, ma semplicemente che potremmo avere un po' più fiducia nella nostra capacità di farvi fronte. Il che non è un'affermazione fideistica, ma il risultato di decenni di continua evoluzione di ogni sorta di tecnologia in grado di esercitare da parte della specie umana un discreto controllo sulle avversità che la natura continua a riservarci.

Ovviamente ognuno può vedere le cose da un punto di vista particolare e nessuno gli farà probabilmente cambiare idea. Ma i dati e la storia parlano chiaro. All'inizio dell'Ottocento solo il 6% della popolazione mondiale viveva al di sopra della soglia di povertà. Sessanta milioni di persone su circa un miliardo. Oggi, al di sopra della soglia si colloca il 90% della popolazione. Sempre nel 1820, solo il 17% della popolazione risultava dotato di una qualche forma di educazione. Oggi è l'86%. Il 43% moriva entro i primi cinque anni di vita, quasi la metà. Oggi è il 4%. Sono risultati spettacolari che sono peraltro alla base dell'aumento demografico, anche se i tassi di natalità si sono drasticamente abbassati. Si muore di meno durante l'infanzia e si vive più a lungo. Volendo, si potrebbe anche stabilire una correlazione fra questi risultati e l'evoluzione della democrazia e conseguentemente delle economie di mercato. Nel 1820, solo l'1% della popolazione era governato da una democrazia. Oggi, secondo l'Ocse, è il 56%. Ma questa parte del discorso ci porterebbe troppo lontano.

Un ecologista fondamentalista, un signore che ritiene che occorrerebbe lasciar fare alla natura senza interferire, potrebbe trovare in questi dati la conferma alla sua (reazionaria) visione del mondo. Epidemie, carestie, disastri naturali (e guerre) erano l'igiene del mondo. Come un incendio distrugge gli alberi vecchi, ma lascia nella cenere i semi che rigenereranno la foresta, ugualmente queste calamità selezionavano la popolazione. È un'impostazione di tipo darwinista: sopravvivano solo i più adatti. Una mia vecchia maestra, Laura Conti, trovava in questo assunto uno dei fondamenti per distinguere valori distintivi fra destra e sinistra. Notava come la destra, che spesso ritiene il creazionismo, cioè la teoria per la quale il mondo sarebbe stato creato da Dio, che peraltro invoca ogni secondo, una teoria valida e rifiuta l'evoluzione scoperta da Darwin, applichi poi criteri darwinisti nelle teorie sociali. Viceversa la sinistra, che accetta normalmente il darwinismo come spiegazione dell'evoluzione delle specie viventi, respinge l'idea che una sorta di selezione naturale debba governare le nostre società. In ogni caso, il processo di civilizzazione è alla fine proprio questo: la capacità umana di governare l'ambiente e sottrarsi, almeno parzialmente, alle minacce più forti che minano proprio la sua «natura naturale». Riproduzione, malattie, alimentazione. Una relativa libertà dal bisogno e dalla necessità che ci ha regalato possibilità di vita straordinarie. Poi certo, la natura fa il suo corso e nessun individuo vivente, nessuna specie, può sottrarsi al suo destino. «Morire alla fine è un dovere», diceva Umberto Veronesi. Ma nemmeno il più cinico dei filosofi può ritenere indifferente il morire a tre o a novant'anni.

C'è un eccesso di importanza attribuito alla specie umana. La quale rimane soggetta a forze ben più potenti. Ancora non abbiamo conquistato l'immortalità e nemmeno la capacità di reprimere terremoti, maremoti, eruzioni vulcaniche ed epidemie. Ma certo più che in altre epoche siamo in grado di controllare e attrezzarci per farvi fronte. È un bene o un male? Certamente questa situazione ci assegna nuove responsabilità, ma insieme enormi opportunità. I millenaristi troveranno nell'aumento dello spazio occupato dalla specie umana la conferma delle teorie sulla «fine del mondo». Gli ottimisti e i razionali, dei quali credo di fare criticamente parte, un'occasione in più da cogliere.

Due personaggi fra di loro diversissimi hanno impresso un'accelerazione impressionante alla diffusione delle preoccupazioni ambientali. Papa Francesco, un empatico gesuita a capo della Chiesa cattolica, e Greta

Thunberg, un'adolescente svedese, dall'aspetto mite e indifeso. Hanno lanciato messaggi potentissimi amplificati enormemente dai media di tutto il mondo. Hanno contribuito, si dice, alla crescita della coscienza ambientalista e questo sarebbe un fatto positivo in sé. Non sono sicuro di essere completamente d'accordo. Non sottovaluto affatto la spinta che essi hanno determinato anche sui governi di tutto il mondo per l'adozione di misure di contenimento dell'impatto ambientale di molte attività, ma è la direzione di questi messaggi che non mi convince e ho constatato troppe volte come messaggi animati dalle migliori intenzioni, ma rivolti nella direzione sbagliata, finiscano per essere controproducenti. O come minimo indirizzino sentimenti potenti verso il lato sbagliato del problema.

Di Greta non condivido per niente la disperazione contenuta nel suo messaggio. Una sorta di condanna totale e definitiva del mondo contemporaneo, che dimentica completamente gli enormi benefici (aumento della popolazione, miglioramento del reddito, allungamento della vita umana, diffusione dell'istruzione, introduzione di tecnologie di comunicazione, democrazia...) che gli ultimi cinquant'anni hanno portato alla specie umana. Certo non si può chiedere a Greta di definire le misure necessarie, ma come appartenente alle generazioni precedenti, preferisco la bellissima frase rivolta da Obama a un gruppi di studenti che stava incontrando durante il suo mandato presidenziale: «Con tutte le sfide che abbiamo di fronte, tutti i problemi, se aveste potuto scegliere un qualsiasi momento della storia dell'umanità in cui nascere, senza sapere quale sarebbe stata la vostra posizione, chi sareste stati, avreste dovuto scegliere questo. Il mondo è meno violento di quanto non sia mai stato. Più salubre che mai. Più tollerante che mai. Meglio nutrito che mai. Cose terribili succedono ogni giorno in giro per il mondo, ma le linee di tolleranza e di progresso sono evidenti». Un potente messaggio di speranza e un'abissale differenza rispetto a Greta. Non è una differenza trascurabile. Il messaggio di Obama sfida le nuove generazioni ad andare oltre utilizzando tutto quanto le generazioni precedenti lasciano in eredità, che non è solo eredità negativa. Quello di Greta appare come un urlo disperato, che, preso alla lettera, conduce a una regressione senza fine.

Un'altra voce potente che in questi anni ha contribuito a richiamare l'attenzione sui problemi ambientali è stata quella di papa Francesco. Nella dottrina cattolica il primato dell'uomo sul resto del pianeta è sempre stato un assunto fondamentale. Da questo punto di vista una correzione che suggerisse la necessità di un approccio responsabile e consapevole era da tempo attesa. Ma Francesco va ben oltre, mettendo in campo un cattivo trattato di sociologia. E un cattivo trattato di cosmologia. Un po' Greenpeace, un po' Onu, un po' Naomi Klein, un po' teologia della liberazione. Persino un po' di New Age. Gli ultimi cinquant'anni della storia umana ridotti a un cumulo di errori, dimenticando gli enormi progressi fatti. Una descrizione dei poveri del mondo che dimentica completamente il ruolo di potenza industriale conquistato dalla Cina e di altre parti dell'ex Terzo Mondo, descritto come luogo incontaminato. Quando invece è oggi uno dei luoghi più inquinati della Terra. E una cosmologia che contrappone la natura, dono di Dio, a un uomo accecato dall'egoismo. Il Creato come astratta idealizzazione che dimentica la storia evolutiva del pianeta e gli immensi pericoli che ancora la natura riserva alla specie umana. Magari proprio a cominciare dai virus. La personalizzazione della natura, che appare quasi dotata di «anima». Anziché il giusto richiamo forte alla responsabilità dell'uomo, una sorta di panteismo, quasi pagano, estraneo alla tradizione teologica della Chiesa cattolica. Persino alcuni secoli dopo il processo a Galileo e la riabilitazione, avvenuta solo nel 1992, nella sua enciclica *Laudato si'* vi è ancora una condanna del metodo scientifico sperimentale che viene definito come «una tecnica di possesso, dominio, trasformazione». Di conseguenza, secondo Francesco, «l'essere umano e le cose hanno cessato di darsi amichevolmente la mano diventando invece dei contendenti». Le cose? La guerra con le cose? Si tratta di un linguaggio magico, sia dal punto di vista teologico sia da quello scientifico. Natura e ambiente usati come sinonimi, quando non lo sono per niente. La natura è una realtà sconfinata per dimensioni fisiche e temporali, dotata di dinamiche ancora non del tutto comprese. L'ambiente a cui ci riferiamo riguarda una realtà parziale e a noi molto più vicina.

AMBIENTALISMO COLLETTIVO E AMBIENTALISMO ERETICO

Questo libro parla bene della plastica, dei grattacieli, degli Ogm, del 5G e persino del nucleare. E però è un libro a favore dell'ambiente. Percepisco la perplessità del lettore. Lo so, nell'immaginario di molti l'ambientalismo si associa con alcune idee di segno opposto.

In questo libro il lettore troverà varie volte l'espressione «ambientalista collettivo». Devo quindi spiegare di che cosa si tratta. Intanto l'ho mutuata da un'espressione simile, «giornalista collettivo», conio di Giuliano Ferrara. Come per il giornalista collettivo, l'ambientalista collettivo è impregnato da un insieme di manifestazioni, credenze, comportamenti, emozioni, facile informazione, esagerazioni, stereotipi culturali e spesso *fake news* mai verificate, che travalicano dalle pagine dei notiziari, dalle tv, dai vari social network e dalle chiacchiere fra amici e conoscenti in uno zibaldone confuso in cui problemi grandi e piccoli vengono sovrapposti senza gerarchie né valutazioni critiche. Luoghi comuni che vengono trasmessi e ripetuti sui media tradizionali e sui social senza che nessuno verifichi seriamente come stanno le cose. Si individuano bersagli su cui scatenare la propria furia, si mettono a punto ricette semplicistiche e controproducenti in un gran miscuglio dagli effetti positivi quasi nulli.

No al nucleare, la plastica inquina, gli Ogm riducono la biodiversità e affamano i contadini indiani, la natura è buona e sa quel che fa, l'uomo è cattivo e noi siamo tutti colpevoli. Eccetera eccetera. Ma è proprio così? In realtà per ogni problema ambientale esistono soluzioni diverse, non un unico vangelo, e queste soluzioni andrebbero analizzate logicamente e pesate per la loro maggiore o minore efficacia. E per il loro costo, confrontando razionalmente costi e benefici.

Sembrerebbe facile definire che cosa sia «l'ambientalismo». Un insieme di idee, politiche, comportamenti che concorre alla protezione e alla conservazione dell'ambiente. Una definizione semplice che può trovare un unanime consenso. Semplice? No, per nulla, perché i problemi veri cominciano un minuto dopo. Quando occorre definire in quale modo, con quali strumenti e con quali costi si ottiene questo desiderabile risultato. E a spese di chi: perché, com'è noto, non esistono pasti gratis. Esempi di questa difficoltà ne abbiamo sotto gli occhi ogni giorno.

Per restare alla cronaca potremmo citare il caso Ilva, dove un bel po' di contraddizioni sono subito evidenti. Un grande impianto siderurgico è compatibile con la città di Taranto? Va privilegiata la salute o l'occupazione? Si può rendere sostenibile l'impianto con tutto il resto? È più ambientalista Michele Emiliano, presidente della Regione Puglia che sotto sotto ne augura la chiusura, o Carlo Calenda, parlamentare europeo, che vuole impegnare i proprietari a ripulire tutto per bene?

E per restare in Puglia: sono più ambientalisti quelli che si oppongono all'abbattimento degli ulivi colpiti da Xylella o i tecnici che per fermare l'epidemia ne consigliano la distruzione? Difendono l'ambiente i gruppi che fanno la guerra anche a tutti gli impianti per la produzione di energia rinnovabile mentre invocano la fine dell'uso dei combustibili fossili? E come conciliare gli interessi dei contadini brasiliani con la preservazione delle foreste amazzoniche? Eccetera eccetera. Domande che esigono risposte complesse che sappiano tenere insieme obiettivi ambientali e questioni sociali. Analizzando ogni volta costi e benefici.

Né mancano all'interno della cultura ambientalista divisioni drastiche sui mezzi da impiegare per raggiungere determinati risultati. Pigliamo un punto cruciale come l'utilizzo dell'energia nucleare. L'energia nucleare è più o meno per l'ambientalista collettivo come il dogma della verginità per i cattolici di stretta osservanza. Se sei a favore dell'energia nucleare sei fuori dalla «Chiesa ambientalista». Solo che il tabù in questione è stato rotto alcuni anni fa da personaggi considerati veri e propri maestri dell'ambientalismo contemporaneo. Uno su tutti James Lovelock, chimico inglese che ha raggiunto mentre scrivo la venerabile età di centouno anni e autore di una teoria basilare per il movimento ambientalista. Insomma, un «guru». La sua teoria dà alla Terra il nome di «Gaia» e descrive il nostro pianeta come un organismo olistico, in cui le varie funzioni si integrano e dipendono una dall'altra. E la catena di azioni e retroazioni mantiene il tutto in equilibrio. Solo che Lovelock nel 2004 ha rotto con la tradizione ambientalista individuando nell'energia nucleare, priva di emissioni e di gas serra, una seria possibilità di ridurre i gas climalteranti e combattere il riscaldamento del pianeta. La sua tesi era ed è molto semplice e più o meno recita così: «Siccome il riscaldamento globale è il problema numero uno in una scala di rischio, ed è ben superiore a qualsiasi altro, ogni mezzo deve essere mobilitato per combatterlo. I rischi connessi all'utilizzo dell'energia nucleare sono al contrario assai minori se paragonati a quelli del riscaldamento globale». Logica elementare. Su di lui è calato un ostile silenzio.

Ma l'elenco di militanti ambientalisti eretici per questa e per altre questioni sarebbe lungo. Patrick Moore, ad esempio, uno dei fondatori di Greenpeace, uno di quelli, per capirci, che stava sui primi gommoni che si interponevano fra le balene e le baleniere. Ha abbandonato Greenpeace scandalizzato dalla campagna di questa organizzazione contro il cloro. Essendo un biologo sapeva quanto il cloro avesse contribuito a salvare milioni di vite umane principalmente come disinfettante negli impianti di potabilizzazione dell'acqua e poi come elemento base nella farmaceutica. Noi lo abbiamo riscoperto in questi mesi travestito da Amuchina. Era più ambientalista Moore o Greenpeace? Moore oggi è a favore dell'energia nucleare e si affanna in giro per il mondo a spiegare quanti benefici potrebbero derivare dall'ingegneria genetica, Ogm se si preferisce, applicata all'agricoltura. Un altro tabù per l'ambientalista collettivo.

Ultimo in ordine di tempo Michael Shellenberger, inserito da «Time» nel 2008 nell'elenco degli «eroi dell'ambiente», attivista per Amnesty International in Sudamerica e molte altre cose «politicamente corrette». Shellenberger, autore insieme ad altri intellettuali americani, fra cui Stewart Brand, fondatore della comunità hippie di San Francisco negli anni sessanta e coach di Steve Jobs, di un manifesto «ecopragmatico» e, nel 2020, di un libro che ha sollevato molte polemiche, visto il pedigree dell'autore, dal titolo programmatico *Apocalypse Never: Why Environmental Alarmism Hurts Us All* (L'Apocalisse mai. Perché l'allarmismo ambientalista fa male a noi tutti). Naturalmente Shellenberger è passato da posizioni antinucleari al sostengo dell'energia nucleare. Come Bjørn Lomborg, ex dirigente di Greenpeace e autore di un libro molto critico, *The Skeptical Environmentalist: Measuring the Real State of the World* (L'ambientalista scettico: misurare lo stato reale del mondo).

In realtà dovrebbe essere condivisibile il fatto che non esista un «Ambientalismo» con la «A» maiuscola. E nemmeno ambientalisti depositari delle Sacre Scritture. Freeman Dyson, uno dei più grandi fisici contemporanei, da poco scomparso, li definiva in questo modo: «Esiste una religione laica in tutto il mondo che possiamo chiamare ambientalismo. Ritiene che spogliare la Terra con i prodotti della nostra vita lussuosa sia peccato e che occorra vivere il più frugalmente possibile. L'ambientalismo ha sostituito il socialismo come la principale religione laica». Ci sono invece tante politiche ambientali diverse discusse, ridiscusse e da sottoporre, come tutte le teorie, ai criteri di falsificabilità. Cioè, alla possibilità di essere dimostrate fallaci. E che dovrebbero essere misurate non sulla quantità di fede ortodossa o sul furore ideologico con cui si manifestano, ma solo dal punto di vista dell'efficacia.

Se non è così, non siamo in presenza di politiche ambientali, ma di dogmi religiosi. Faccio ancora un altro esempio, per capirci. Se mi oppongo in nome dell'ambiente a una macchina, un termovalorizzatore o inceneritore come vogliamo chiamarlo, che brucia una certa quantità e tipologia di rifiuti, recuperando energia e calore (gli impianti moderni hanno un impatto ambientale bassissimo) e poi, come nel caso di Roma, spedisco ogni giorno i miei rifiuti al Nord con circa centosettanta camion che fanno ognuno un tragitto di milleduecento chilometri al giorno con relative emissioni e consumo di carburanti fossili, qual è la scelta più ambientalista? La prima o la seconda? Ma l'ambientalista collettivo, come il religioso fanatico, vive di ideologie negative e raramente si pone il problema dell'efficacia (e della realizzabilità) di quanto propone.

MOSTRI, PLACEBO E CAPRI ESPIATORI

L'ambientalista collettivo fa un largo uso di placebo. Finte medicine che non curano niente e che i medici somministrano ai malati immaginari e agli ipocondriaci per far loro credere che li stanno curando. Come l'omeopatia. E talvolta i malati immaginari guariscono grazie ai placebo. O meglio si liberano delle loro fissazioni. Anche l'ambientalista collettivo soffre (talvolta) di nevrosi. È angosciato, si colpevolizza, immagina un futuro apocalittico. «Ecoanxiety», la chiamano. Bernie Sanders, ex candidato alle primarie del Partito democratico americano, ha parlato del riscaldamento globale come di una «minaccia esistenziale». Ho letto su «Repubblica» un po' di tempo fa un lungo e serioso articolo di una giornalista newyorkese che raccontava di terapie collettive per curare le nevrosi da angoscia ambientale. Più o meno come le preghiere dei millenaristi per prepararsi alla fine del mondo. Come i «flagellanti», che si autopunivano convinti che la peste nera (quella di Boccaccio) fosse un castigo di Dio arrabbiato con l'umanità. I placebo diventano quindi valvole di sfogo per eliminare i sensi di colpa e l'angoscia.

Ad esempio, appunto, immagino di eliminare dalla mia vita la plastica. Divento *plastic free*. Cancello le bottiglie di plastica e mi compro la borraccia (a Natale, l'anno scorso, se ne vendevano di vari tipi, anche di design e piuttosto costosi). Per carità, va bene così. Meglio poco che niente, ma l'effetto complessivo sulla qualità del nostro ambiente è pari a poco più di zero. Oltretutto credo di non avere capito bene, ma forse è colpa mia, quale sia esattamente l'utilità delle borracce. Cosa si mette nelle borracce? Da ragazzi le usavamo se si andava in campeggio o se si faceva una gita in montagna. C'era la necessità di portarsi appresso una certa riserva d'acqua. Faccio lunghe gite in bicicletta e la borraccia mi serve ancora. Ma nelle nostre città non mancano certo i rubinetti. Al massimo potresti avere bisogno di un bicchiere. Mi viene un dubbio, spero infondato: che nelle borracce qualche volta si metta l'acqua minerale che si è comprata al supermercato. E che sia più trendy girare con una borraccia che con una bottiglietta di plastica. Personalmente ho smesso di comprare acqua minerale a prescindere dal contenitore almeno trent'anni fa. Quando cominciai a fare il presidente di Acea, l'azienda che a Roma distribuisce l'acqua potabile, mi resi conto che i sistemi di controllo sulla igienicità delle acque potabili in Italia sono di assoluta eccellenza (con qualche rara eccezione) e non hanno nulla da invidiare alle numerose acque minerali, che sono forse da considerare più una bibita che un metodo per dissetarsi. Da decenni risparmio il costo delle acque minerali e soprattutto la noia e il peso di portarle fino a casa. Ho scoperto che c'è gente che ordina le minerali tramite Amazon, spendendo probabilmente di spese di spedizione più del valore dell'acqua. Se quindi vogliamo proprio educare i nostri figli a qualche comportamento più corretto, sia dal punto di vista ecologico che economico, insegniamo loro a bere l'acqua del rubinetto.

Uno studioso inglese, David MacKay, ha fatto una valutazione quantitativa su quanto incidano alcuni placebo, i tanti piccoli gesti di cui ci carichiamo per sentirci in pace con la nostra coscienza, ed è arrivato a risultati sconfortanti. «Spegnete i led prima di andare a dormire, risparmierete energia e aiuterete a salvare il pianeta». L'energia risparmiata la notte spegnendo i led è pari a quella che utilizziamo accendendo il motore della nostra auto la mattina. Tutta l'energia risparmiata in un anno spegnendo i caricatori dei telefonini quando non in uso è pari a quella consumata per avere un bagno caldo. Il consumo dei caricatori a riposo è di 0,01 kWh, contro un consumo medio dell'uomo europeo pari a 125 kWh. Medio, perché se parliamo di un europeo un po' più abbiente il consumo sale di un altro 50% (un uomo del medioevo, giusto per avere un termine di paragone, consumava all'incirca 20 kWh, ovviamente non sotto forma di elettricità).

Certo, se tutti usassimo solo i mezzi pubblici, meglio ancora se elettrici, come le metropolitane, i tram e i treni, sarebbe un'ottima cosa per vari motivi. Perché questo avvenga non basta la buona volontà di ognuno. Prima di tutto bisogna che questi mezzi ci siano e non sono molte, soprattutto nel Centro-Sud, le città che offrono un trasporto pubblico efficiente. Così, più delle borracce forse servirebbe un sistema adeguato non solo di raccolta differenziata, ma di capacità di riciclaggio dei materiali raccolti.

Poi ci sono i mostri. L'ambientalista collettivo non può vivere senza mostri da combattere. Meglio se rappresentati da multinazionali: perfetti esemplari dell'economia capitalistica. Avete presente ad esempio il glisolfato? Si tratta di un comune diserbante che da decenni ha reso la vita più facile a milioni di agricoltori, consentendo loro di liberarsi con poca fatica delle erbe infestanti e migliorare la resa per ettaro dei prodotti coltivati. Contro il glisolfato è stata scatenata una tipica campagna da ambientalista collettivo allo scopo di creare un mostro da abbattere. A un certo punto, leggendo i giornali o seguendo alcune trasmissioni tv, ci eravamo tutti convinti di essere avvelenati dal pesticida della Monsanto. Soprattutto noi italiani, grandi consumatori di pasta, la cui materia prima, il grano duro, è inevitabilmente importata (non ne produciamo abbastanza) da paesi come il Canada che usano il glisolfato. Anche il giornalista collettivo, parente stretto dell'ambientalista collettivo, che raccoglie notizie su Internet e ripete senza alcuno spirito critico luoghi comuni soprattutto se adatti a sollevare un po' di allarme e a richiamare l'attenzione, non ha fatto mancare il suo contributo. Come stanno le cose ce lo spiega bene in un articolo pubblicato dal «Messaggero» un gruppo di scienziati che si occupa professionalmente di agricoltura e di antiparassitari: «anche l'Organizzazione Mondiale della Sanità [...] reitera il proprio parere, ossia che il glisolfato non sia cancerogeno. Badate bene: nessuna agenzia internazionale dice il contrario». Se n'è occupata persino la Corte di giustizia europea che, a sua volta, non ha visto motivi per proibire il glisolfato.

Polemica chiusa? No. Perché a questo punto si mette in atto il piano B. Che consiste nel gettare discredito su quanti sostengono tesi non coincidenti con il parere dell'ambientalista collettivo. Il modo principale è quello di sostenere che tutti costoro sono finanziati dall'industria agroalimentare e quindi appendono il cappello dove il padrone vuole. Anche qui l'articolo del «Messaggero» è lampante. Riassumo con parole mie. Le grandi industrie dell'agrofarma, dicono gli autori dell'articolo, hanno ormai al proprio interno due divisioni di ricerca e di produzione. Una dedicata ai tradizionali antiparassitari di sintesi e l'altra dedicata ai rimedi cosiddetti «biologici». Sulla cui innocuità ci sarebbe molto da dire, ma passiamo oltre. E quindi l'agrofarma finanzia allo stesso modo ricerche in un settore e nell'altro. Solo che per i nostri amici pseudoambientalisti se i soldi escono dalla tasca destra (i fitofarmaci tradizionali) sono sterco del demonio. Se invece escono dalla tasca sinistra (i rimedi biologici) sono benedetti da Dio. D'altra parte, visto che la richiesta di sostanze antiparassitarie compatibili con l'agricoltura biologica è in aumento e ormai le stesse hanno un mercato mondiale, è ovvio che a produrle e a distribuirle siano le grandi multinazionali. Altrimenti come arriverebbero nei mercati di tutto il mondo? Con il baratto da contadino a contadino? Con il passaparola? Anche sui conflitti di interesse che si determinerebbero fra opinioni diverse, alcune sostenute dai grandi produttori di sostanze chimiche per l'agricoltura, ci sarebbe molto da dire. Quando un'associazione raccoglie fondi grazie a battaglie che poco hanno di scientifico, ma si basano proprio sulla capacità di suscitare emozioni diffondendo notizie approssimative o vere e proprie *fake news*, possiamo dire che agisca in piena indipendenza e su una valutazione obiettiva?

Le cause ambientaliste, quelle giuste, ma anche le sbagliate, costituiscono ormai un business di dimensione globale e che mette in moto, a ragione, migliaia di miliardi. Demonizzare il profitto, usandolo come categoria discriminante per distinguere i buoni dai cattivi, è completamente inutile. Si fanno profitti certo con le centrali a carbone, ma anche di più con le fonti rinnovabili. Con i prodotti chimici, ma anche con quelli naturali. L'età dell'innocenza per le cause ambientaliste è ormai alle spalle. E spesso gli ambientalisti più responsabili si alleano con grandi industrie e gruppi imprenditoriali che, a loro modo di vedere, hanno scelto la strada dello sviluppo sostenibile. Per proteggere e migliorare i loro profitti. Anzi. Siamo ormai in presenza di una ricca letteratura che ci spiega con qualche esagerazione che più sei verde più fai soldi. Che le imprese che hanno saputo divenire sostenibili hanno un posizionamento competitivo migliore e hanno meno costi energetici e di materie prime. Ragion per cui vanno meglio e sono meglio apprezzate dagli investitori e dal sistema creditizio. In altre parole, producono anche migliori guadagni. Al punto tale che un'icona di sinistra-sinistra come il regista americano Michael Moore ha realizzato un documentario in cui denuncia il business miliardario dell'energia solare, vista da lui come un'ulteriore espansione del capitalismo finanziario. Capita quando maneggi le idee come clave.

ELOGIO DELLA PLASTICA

Le politiche ambientali dovrebbero essere politiche «forti». Hanno per oggetto aspetti sistemici della nostra vita economica e sociale. Esigono un duro lavoro, analisi approfondite, distribuzione di costi. Ma sono anche una moda. Essere sentimentalmente ambientalisti significa assai poco: è un po' come dire di essere buoni. Ciascuno lo è a modo suo e nessuno in linea di massima vuole essere cattivo. Almeno agli occhi degli altri. E se vuoi essere buono devi fare i conti con i tuoi sensi di colpa. Il dito puntato contro di te ti dice che anche tu sei responsabile della sopravvivenza del pianeta, il quale tra parentesi non ha proprio bisogno di te per sopravvivere. Ma tant'è. Ecco quindi farsi largo un'estesa filosofia, a cavallo fra New Age e Boy Scouts, che ti responsabilizza e come per la medicina omeopatica svolge la funzione di un placebo. Medicine che non servono assolutamente a nulla, ma se ti convinci che a te fanno bene almeno ti metti a posto la coscienza. I giornali e le riviste da parrucchiere sono pieni di buoni consigli per salvare la Terra. E così assistiamo a un'incredibile serie di paradossi.

A Davos, all'annuale riunione dei top manager di tutto il mondo, si fa la raccolta differenziata e si usa la carta riciclata. Chissà se la fanno anche a bordo delle centinaia di aerei privati con cui arrivano in quel piccolo villaggio svizzero. Il «Guardian», rispettabile testata giornalistica inglese, annuncia che non accetterà più pubblicità proveniente dall'industria fossile. Bene, peccato che, secondo il Dipartimento dell'energia inglese, l'industria della carta (fra giornali, settimanali, cataloghi e riviste) sia il quarto emettitore di CO_2 dopo l'industria chimica, quella petrolifera e quella energetica. O che la sezione turismo dello stesso quotidiano propagandi viaggi di piacere intorno al mondo responsabili del 10% del totale delle emissioni e così via. Il «Guardian» potrebbe decidere di chiudere per dare un contributo «senza se e senza ma» alla lotta contro il riscaldamento globale. Come quelli che decidono di non fare figli per risparmiare il pianeta. Non so come la prenderebbero i suoi redattori. Credo ancora peggio dei lavoratori delle industrie fossili, oggi minacciati.

Qualche tempo fa ho scritto un tweet che recitava: «Di che cosa è fatta la barca con cui Greta ha attraversato l'Atlantico due volte?». Naturalmente mi sono preso una buona dose di insulti. I più carini dicevano: «Ehi, *boomer*», cioè anzianotto, «non prendertela con una ragazzina». Infatti non ce l'avevo con Greta. Almeno non per questa ragione. Volevo solo segnalare che l'alternativa (?) all'aereo era costituita da una barca a vela realizzata con le migliori fibre sintetiche a disposizione. Una barca a vela in legno è oggi un lusso per pochi amatori. Pesa alcune volte di più rispetto a una moderna barca in fibra sintetica e ha bisogno di manutenzioni continue. Andavano bene quando la mano d'opera era abbondante e poco costosa. Un secolo fa. Oggi le barche a vela, oggetti meravigliosi, sono fatti con fibre sintetiche avanzate. Quelle da regata possono permettersi il carbonio. La coppa del mondo di vela, la Formula 1 della vela, usa materiali sintetici sempre più avanzati. Il legno è un materiale naturale. Le plastiche no. Inoltre, difficile immaginare che tutti quelli che devono o desiderano recarsi sull'altra sponda dell'Atlantico lo facciano a vela.

Plastic free è l'ultimo slogan creato dall'ambientalista collettivo. Anche il Campidoglio e il Ministero dell'ambiente sarebbero diventati, così dicono la sindaca e il ministro, *plastic free*. Il governo ha rischiato l'osso del collo per la tassa sulla plastica che, approfittando di uno slogan furbo, avrebbe voluto mettere sulle spalle di industrie e consumatori. Ma di che cosa stiamo parlando? Dal punto di vista ambientale dovremmo erigere un monumento alla plastica. Per un motivo molto semplice. Perché ha consentito di sostituire quantità incommensurabili di materie prime naturali con prodotti sintetici, derivanti da una materia prima, il petrolio, ancor oggi abbondante e a buon mercato. Il nostro panorama quotidiano, compresi il Campidoglio e il Ministero dell'ambiente, è circondato da oggetti in fibre plastiche e non potrebbe essere diversamente. Tutta l'elettronica (telefoni, pc, stampanti, fotocopiatrici ecc.), buona parte degli arredi, dei mezzi di trasporto, degli oggetti di uso quotidiano (erano meglio gli occhiali in guscio di tartaruga?), dell'abbigliamento.

Mentre scrivo mi guardo attorno e faccio un giretto per casa mia. Comincio dal bagno: contenitori per shampoo, porte della doccia, cestino dei rifiuti, tavoletta del wc, armadietto dei medicinali, siringhe monouso, blister dei medicinali... E il resto della casa segue con lavatrici, lavastoviglie, televisore, infissi, elettronica varia... Poi, certo, ci sono imballaggi e oggetti usa e getta. Presi di mira a cannonate, dimenticando completamente la funzione fondamentale che hanno ad esempio nella conservazione dei cibi, che altrimenti getteremmo a tonnellate moltiplicate, nella protezione delle merci trasportate, nella sicurezza igienico-sanitaria. E anche sull'usa e getta andiamoci piano. Non vorrei buttare nella spazzatura della storia le siringhe monouso o i blister per la confezione dei medicinali o molti altri prodotti igienico-sanitari (pannolini? tampax?), e tanti altri oggetti che per vari motivi è bene siano usati una volta sola. Di quanto sia utile la plastica abbiamo avuto conferma durante l'insorgere dei rischi epidemici legati al coronavirus. C'è stato un aumento degli imballaggi monouso e di numerosi oggetti sanitari, dai respiratori alle mascherine ai guanti protettivi, di cui ne stiamo consumando miliardi e della cui assenza ci lamentiamo. Sono fatti di fibre sintetiche, perché solo così sono sicuri.

Fino all'avvento delle plastiche, materiali come il guscio di tartaruga e l'avorio degli elefanti erano usati massicciamente proprio per la loro caratteristica di durezza e flessibilità insieme. L'elenco dei prodotti che li usavano è sconfinato e va dagli occhiali ai tasti di pianoforte, dalle palle di biliardo ai pettini, alle posate da tavola. Persino i rosari. Vari esperti hanno calcolato, sulla base dei consumi, che ogni anno nell'Ottocento si uccidevano sessantamila tartarughe e, solo per la domanda di avorio degli Stati Uniti, quindicimila elefanti. Alla fine dell'Ottocento Europa e Usa insieme consumavano mille tonnellate di avorio l'anno, pari a circa centosessantamila elefanti. Poi sono arrivati i divieti e le misure di protezione rese possibili dal fatto che nel frattempo era arrivata la plastica, chiamata in vari modi: celluloide, bachelite... Fino al punto che qualche giornale all'epoca scriveva: «Il miglior avorio non ha granulosità e sembra proprio plastica» (Michael Shellenberger).

Poi, però, c'è il problema importante dei rifiuti e dell'inquinamento da plastica. Problema serio da affrontare con metodi seri. Intanto, alcuni di questi materiali hanno dimostrato capacità di essere riciclati superiori ad altri. E in futuro questa capacità aumenterà, grazie alla chimica dei materiali, su cui stanno lavorando in molti, fra cui diverse società italiane. L'Eni ad esempio. In secondo luogo, la plastica usata conserva se non la sua forma e il suo valore d'uso, buona parte del contenuto energetico del petrolio da cui è nata. Ottimo combustibile per termocombustori capaci di produrre elettricità e acqua calda. Se non è economia circolare questa!

Plastic free è in realtà uno slogan antiscientifico, emotivo. Che getta un'irrealistica e ingiustificata condanna, per la genericità con cui è formulato, su un materiale, chiamato volgarmente plastica, ma costituito in realtà da tante diverse componenti sintetiche in continua evoluzione e miglioramento. Che hanno contribuito a garantirci prodotti nuovi, comodità e sicurezza. Uno slogan quindi antieducativo. I cui risultati sono peraltro assai modesti, soprattutto se comparati a problemi ambientali ben più gravi. L'Unione europea ha addirittura emanato una direttiva in proposito. Gli oggetti espressamente vietati sono nove e fra di essi piatti e posate, cannucce per bibite, bastoncini per reggere i palloncini e bicchieri da fast food. Credo non si superi lo zero virgola qualche cosa di tutta la plastica prodotta e consumata. E lo zero virgola zero eccetera di tutti i rifiuti di cui ci dobbiamo occupare. Soprattutto, un placebo per anime metropolitane sempre pronte a digitare sui loro telefonini di plastica lo slogan del giorno. Tra parentesi, sappiate che un telefonino consuma ogni anno 79 chilogrammi di CO_2.

Quale dev'essere allora l'obiettivo di una seria politica ambientale? Se faccio questa domanda a dieci passanti, probabilmente una buona parte di loro mi risponderà: «Salvare il pianeta». Ma questa risposta è sbagliata. Molto sbagliata. Il pianeta non ha alcun bisogno di essere salvato. Oltretutto, sarebbe molto presuntuoso e una bella prova di quell'antropocentrismo che in altre sedi viene condannato. Diciamo un peccato di presunzione. Perché il pianeta, a meno che non venga colpito da un meteorite di colossali dimensioni che lo riduca in frantumi, continuerà la sua esistenza per ancora molti milioni e probabilmente miliardi di anni.

Ciò che è in discussione e che può essere minacciato è invece un certo equilibrio ecologico che a noi piace molto, perché ci ha consentito di crescere e moltiplicarci. Se esso si rompesse o fosse fortemente danneggiato potrebbero esserci conseguenze anche gravi per la specie umana. Ma ipotizziamo che a causa di problemi ambientali la popolazione umana si riduca di un terzo o della metà. Per essere cinici, tutto questo porterebbe benefici enormi al pianeta, se per pianeta intendiamo l'esistenza di numerose altre specie vegetali e animali e una certa capacità dell'ambiente naturale di riprodursi senza disturbi e interferenze. Venezia è per noi tutti un capolavoro e la sua eventuale perdita una catastrofe inimmaginabile. Ma dal punto di vista della salute della Terra un evento assolutamente trascurabile. Anzi, ne sarebbero felici i tanti uccelli acquatici che popolano la laguna. Che in nostra assenza si moltiplicherebbero insieme a molte altre specie avendo noi liberato numerosi spazi. Come i delfini ricomparsi durante il coronavirus.

Ma non può essere un obiettivo quello di ridurre la popolazione. Anche se... Alcuni individuano sin dagli anni settanta nella crescita della popolazione umana uno dei possibili fattori di crisi. Troppa gente per troppe poche risorse. Staremmo intaccando le risorse naturali a nostra disposizione attingendo alle riserve che non sono in grado di ricostituirsi alla necessaria velocità. Molte di queste profezie si sono dimostrate sbagliate e risorse che si erano considerate scarse in realtà continuano a essere abbondanti. Fondamentalmente grazie agli sviluppi tecnologici che hanno consentito di trovarne continuamente di nuove e di utilizzarle meglio.

La scoperta dei materiali sintetici ha permesso, ad esempio, di risparmiare gigantesche quantità di materie prime naturali. Una piccola ma esatta provocazione recita: «Ha salvato più balene il petrolio di Greenpeace». Fino alla scoperta del petrolio, il combustibile per l'illuminazione delle città, Londra in primo luogo, era l'olio di balena. Di quei tempi ci parla fra l'altro il romanzo di Melville, *Moby Dick*. L'olio di balena era prezioso. Il petrolio trasformato in cherosene lo ha sostituito, determinando la crisi delle baleniere alla fine dell'Ottocento. La caccia è continuata, ma in misura molto minore, fino a che le Convenzioni internazionali non l'hanno vietata. In un campo diverso, l'aumento della produttività in agricoltura ha permesso di incrementare enormemente la produzione per ettaro risparmiando terreno agricolo.

Siamo arrivati al tetto di questo processo? Assolutamente no. L'impatto che potrebbe avere un nuovo set di tecnologie, quelle del nuovo millennio, e in particolare le tecnologie dell'informazione, le biotecnologie, le nanotecnologie e l'ingegneria genetica, potrebbe essere ancora più importante di quello realizzatosi nella seconda metà del secolo scorso con la cosiddetta «rivoluzione verde». Siamo solo agli inizi e a mano a mano che si superano i limiti culturali all'impatto di queste innovazioni il cambiamento sarà enorme. La parola chiave è quindi «tecnologia».

La mancanza di lungimiranza che spesso viene imputata alla specie umana è quindi un concetto assai vago. Certo è di buon senso sostenere che comunque abbiamo a che fare con risorse date. È di buon senso sostenere che la crescita non può avere un eterno processo lineare e che crisi anche profonde e di varia natura sono sempre possibili. Se inserisco nei miei scenari un orizzonte di cinquanta, cento anni posso immaginare qualsiasi cosa. Ma la resilienza sembra essere una qualità strutturale della nostra specie. Soprattutto, è proprio la non accettazione di un «limite» insuperabile e lo spostamento sempre più in là di un nuovo confine. *Non è vero che il nostro pianeta è limitato.* Lo è solo in una percezione sensoriale elementare e quasi magica, che prescinde dall'evoluzione del sapere umano. La Terra nelle sue dimensioni fisiche non è cambiata da quando il primo *homo sapiens* è comparso. Ciò che è cambiato è la capacità della nostra specie di utilizzare, persino moltiplicandole, le risorse disponibili. È un processo finito per esaurimento? Siamo piuttosto agli inizi di una nuova e più pervasiva rivoluzione tecnologica che da una parte reinterpreta i processi naturali e dall'altra inventa nuovi materiali. Poi, certo, può sempre arrivare un meteorite bello grande a farci la festa. Ma questo è un altro discorso.

Quindi, per tornare ancora al quesito iniziale: cosa significa occuparsi d'ambiente? Probabilmente la risposta corretta dovrebbe essere: *riuscire a preservare in modo dinamico un certo equilibrio ecologico che consenta alla specie umana di crescere, riprodursi e raggiungere un certo benessere diffuso per il maggior numero possibile di abitanti*. Conservando il patrimonio biologico rappresentato da una ricca biodiversità e il patrimonio culturale accumulato nei secoli.

Non c'è bisogno di camuffare di altruismo (salviamo il pianeta) questo obiettivo, che si ispira invece a un legittimo egoismo. Non esiste un equilibrio ecologico ideale. Nel corso dei miliardi di anni dalla sua nascita la Terra ha attraversato tanti e differenti stati. Duecento milioni di anni fa un'estinzione di massa portò alla scomparsa di circa il 90% di tutte le specie viventi e liberò nicchie ecologiche che sono state occupate da altre specie fra cui quella nota con il nome di «dinosauri». Nome collettivo che raggruppava fra volatili e animali terrestri migliaia di sottogruppi frutto di un complesso equilibrio ecologico. Con una varietà straordinaria che andava dal gigantesco *Amphicoelias fragillimus*, lungo 58 metri e pesante 120 tonnellate, al *Mellisuga helenae*, lungo 5 centimetri e pesante 1,8 grammi. Varietà che è durata «solo» un po' più di un centinaio di milioni di anni, rimanendo poi vittima di un'ulteriore massiccia estinzione sessantacinque milioni di anni fa, sulle cui origini ancora si dibatte. La più accreditata è quella dell'impatto di un enorme meteorite che a causa del pulviscolo atmosferico sollevato cambiò le temperature del pianeta e i cicli della sintesi clorofilliana. Per nostra fortuna, perché immagino sarebbe stato difficile per noi convivere con i dinosauri. Non tutte le catastrofi quindi, si potrebbe dire, vengono per nuocere.

La nostra epoca, quella che ha visto l'affermazione della specie umana e che è quindi chiamata «antropocene», ha goduto – con diverse variazioni, che hanno avuto impatti non indifferenti sulla popolazione – di un equilibrio ecologico a lei complessivamente favorevole. Il che anche grazie al fatto che diverse specie per noi nocive si sono estinte, o per avvenimenti naturali o perché soppresse da noi. La tigre è un animale bellissimo se confinato in un parco naturale. Difficile immaginarla condividere la sua vita con quella degli abitanti di un villaggio indiano, come nel romanzo di Kipling. Già fatichiamo a convivere con il centinaio di orsi che hanno ripopolato il Trentino.

È l'egoismo di specie, quindi, che guida la nostra azione. Certo, oggi siamo in grado di temperarlo e di favorire un equilibrio ecologico che crei, anziché ridurre, la complessità biologica. Rimane però da capire come.

IDEE SBAGLIATE PER SCELTE SBAGLIATE

La discussione sull'ambiente si mescola inevitabilmente con ispirazioni politiche e ideologiche preesistenti che cercano di usare l'ambiente a loro favore. O di interpretare i problemi ambientali con le chiavi di lettura che sono a loro disposizione.

Così se eri e sei molto di sinistra inevitabilmente tenderai ad aggiungere alle malefatte del capitalismo anche la distruzione dell'ambiente, un bene comune usato e sfruttato a fini di profitto. Sconfiggi il capitalismo e avrai risolto il problema. «Nella sinistra convivono il culto dello sviluppo (quello che ha portato al terraforming dell'Asia centrale sovietica e alla catastrofe del mare di Aral e che ha fatto fino a ieri della Spd, il partito socialdemocratico tedesco, il partito del carbone e dell'auto) e l'ambientalismo apocalittico degli ultimi tempi dietro il quale fare passare altri temi» (Alessandro Fugnoli).

Se invece sei un po', magari un bel po', reazionario, rimpiangi i bei tempi andati e la monarchia, leggerai nella modernità, nella società dei consumi e nello sviluppo industriale la causa del degrado ambientale. Quando c'erano l'aristocrazia, il latifondo e molta povera gente, la stragrande maggioranza, il paesaggio era (quasi) intonso. «Nella destra convivono da una parte l'anima faustiana della volontà di potenza e del dominio della natura, presente ad esempio nella retorica fascista delle grandi bonifiche e nel futurismo, e dall'altra la retorica tedesca del Sangue e Terra, che parte dal Romanticismo e che diventa ecologismo razziale nei film di ambientazione alpina che Goebbels faceva produrre durante la guerra» (Alessandro Fugnoli).

Se sei cattolico pensi, come ha scritto l'attuale papa nella sua enciclica dedicata all'ambiente, che Dio ci abbia dato in dono un giardino rigoglioso e che l'uomo moderno pecchi contro la natura (e quindi contro Dio) perché usa troppi condizionatori. (Nell'enciclica papale vi è una pagina dedicata ai danni dei condizionatori!). Se infine hai un'ispirazione liberale riterrai che basti correggere alcune imperfezioni del mercato, le cosiddette «esternalità» che il mercato non pesa, per risolvere il problema.

Poi ci sono quelli della decrescita, che accusano il Pil e la ricchezza delle nazioni e ci invitano a vivere con maggiore frugalità e a fare meno figli. «Quanto ai nuovi culti dell'ultimo mezzo secolo, vediamo la convivenza in molti personaggi di Silicon Valley di elementi da una parte di ecologismo neo pagano, "New Age", e dall'altra di transumanesimo faustiano, quello che motiva molti nuovi magnati a teorizzare una fortissima accelerazione dello sviluppo delle forze produttive in cui includere la colonizzazione dello spazio» (Alessandro Fugnoli). Come ha scritto Michael Crichton, «L'ecologia è la nuova religione dell'uomo metropolitano. Il rito domenicale della messa è stato sostituito dal pranzo al ristorante biologico». Due modi diversi per tacitare i sensi di colpa.

Ognuno insomma ha una ricetta diversa. È inevitabile che sia così e persino utile. La specie umana è organizzata da sempre in società sempre più complesse e che sono attraversate da conflitti, aspirazioni, culture diverse. Che mediano il rapporto che gli individui, le classi sociali, le nazioni hanno con l'ambiente. Il rapporto non è fra l'uomo e l'ambiente, ma fra la società umana e l'ambiente. Le dinamiche sociali mediano e si sovrappongono al rapporto fra la specie umana e l'ambiente. Ricchi e poveri, cittadini urbanizzati e abitanti delle campagne, nazioni del Nord e del Sud del mondo, giovani e vecchi guardano a questi problemi con atteggiamenti diversi. Conflitti interni a ogni singola nazione e conflitti fra diverse aree del mondo illuminano i problemi ambientali con luci differenti.

L'ambiente è il bene comune per eccellenza e la specie umana si è moltiplicata e ha migliorato il proprio benessere anche utilizzando le risorse naturali e l'ambiente. Alcune nazioni più di altre, alcuni individui più di altri. E quando si tratta di invertire la marcia occorre distribuire costi e sacrifici. Se non siamo capaci di conciliare la salvaguardia ambientale con le aspirazioni di tutti questi soggetti nascono conflitti fortissimi. Non esistono soluzioni semplici.

Non c'è un solo ambientalismo, abbiamo detto, ma tanti e diversi fra di loro. Alcuni molto, molto dannosi. Durante una manifestazione contro l'installazione di un'antenna per la trasmissione del segnale 5G, uno sviluppo tecnologico che aumenta la velocità e la quantità di trasmissibilità dei dati per tutte le connessioni telefoniche e Internet, una delle manifestanti, per via del gran caldo, si sentì male. Il marito, soccorrendola, si rivolge subito agli altri presenti: «Dobbiamo chiamare un'ambulanza. Qualcuno ha un telefono?». Appunto.

Una delle peggiori conseguenze di un ambientalismo demagogico e inconcludente è quella del comitatismo localistico. In termini più nobili è definito come «effetto Nimby», dall'acronimo inglese che sta per *Not In My Back Yard*, e cioè «non nel mio cortile». Definisce l'atteggiamento di tutti quei gruppi e comitati che pur riconoscendo in astratto l'utilità di certe opere o impianti si rifiutano però di vederli localizzati nei dintorni della propria area abitativa. Le ragioni di questo atteggiamento sono varie e in alcuni (pochi) casi possono essere anche giustificate. Quando ad esempio una porzione di territorio risulta completamente inadatta per quella specifica funzione, oppure risulta già sovraccarica o presenta livelli di inquinamento tali da sconsigliare qualsiasi potenziale fonte aggiuntiva.

A questo si aggiunge una forte e spesso preconcetta diffidenza e sfiducia nei confronti dei proponenti dell'opera, siano essi istituzioni pubbliche o imprese private. Anche questo un atteggiamento in parte giustificato dai troppi errori, dalle tante furbizie e da diverse illegalità che spesso hanno accompagnato la realizzazione di queste opere, sia da parte delle istituzioni pubbliche che delle imprese private. Inizialmente la costruzione di forti opposizioni locali è stata promossa anche come strumento per contestare e possibilmente fermare programmi nazionali. È stato questo il caso dell'opposizione al nucleare dove, prima che questa tecnologia e il programma ad essa associato fossero in Italia fermati dal relativo referendum, la costituzione di comitati locali aveva lo scopo di «mettere i bastoni fra le ruote». Costruendo consenso locale attorno a questa ipotesi e mettendo quindi in difficoltà gli esponenti politici e ricorrendo a tutto l'ampio armamentario delle battaglie rese possibili dal complicato sistema giuridico italiano. Ricorsi ai tribunali amministrativi, esposti presso le procure della Repubblica ecc.

Ma rapidamente le cose sono sfuggite di mano un po' a tutti e hanno fatto un salto di qualità che sta paralizzando il paese. Il «comitatismo» è stato ad esempio lo strumento principale usato dal Movimento 5 Stelle per raccogliere consenso locale. Se si dà un'occhiata ai brevi curricula degli eletti in questo movimento a ogni livello (Comuni, Regioni, Parlamento), si può vedere come essi siano emersi quasi esclusivamente acquisendo una relativa notorietà a capo di vari comitati che hanno fatto la guerra a tutto.

Ecco quindi l'infinito elenco dei «comitati del no». No Tav contro l'alta velocità, no Tap contro il gasdotto che porterà il gas dal Caspio all'Italia, no Triv, contro ogni ipotesi di esplorazione alla ricerca di gas e petrolio nel Mediterraneo, no Tube contro gli impianti per la produzione di energia idroelettrica. A questi vanno aggiunti quelli contro ogni nuovo tratto stradale, contro nuovi impianti energetici di ogni tipo, comprese le rinnovabili (geotermia, solare, vento, biomasse, idroelettrico) e persino contro l'installazione della nuova rete per la trasmissione del segnale 5G, la tecnologia per la telefonia mobile più avanzata, di cui si stanno dotando rapidamente tutti i paesi e che in Italia stenta a essere dispiegata.

Una menzione particolare meritano poi gli impianti per il trattamento dei rifiuti, tutti, senza distinzione, oggetto di feroci contestazioni. Che si tratti di un moderno termovalorizzatore, un impianto che brucia i rifiuti ricavandone energia e calore, di cui sono dotati tutti i paesi europei e l'Italia del Nord, o di un impianto per il riciclaggio della cosiddetta «frazione umida», la parte più rilevante delle raccolte differenziate. È interessante citare a questo proposito la relazione che puntualmente la Dia, la Direzione investigativa antimafia, con focus sul tema «mafia e rifiuti», ha licenziato nel 2019. Consiglio la lettura a tutti i *decision makers* italiani in materia di gestione dei rifiuti (nazionali, regionali e locali); lì dentro ci sono tutti i temi critici del nostro sistema, descritti non da pericolose lobby industriali, ma dagli operatori della giustizia.

Primo: la filiera dei rifiuti (urbani e speciali), dice la Dia, è troppo lunga e complessa: produttori, laboratori di analisi, intermediari, trasportatori, stoccaggi, primi trattamenti (miscelazione), trattamenti finali, export infraregionale e internazionale. Una filiera talmente lunga, frammentata, che inevitabilmente genera «aree grigie» al cui interno si colloca l'offerta (illegale) delle organizzazioni criminali. Accorciare la filiera è quindi il primo indirizzo da seguire, consentendo a tutti i territori italiani di disporre di filiere corte, senza intermediari, trasparenti e legali. Le filiere lunghe costano molto e sono per loro natura opache.

Secondo: le organizzazioni criminali hanno gioco facile in un paese in cui c'è un deficit di impianti e l'emergenza rifiuti è realtà o è dietro l'angolo. Mancano impianti di recupero energetico, impianti per il riciclaggio, discariche per le frazioni residue e impianti per rifiuti pericolosi (amianto *in primis*). Così i rifiuti viaggiano per l'Italia e verso l'estero. La mancanza di impianti è «il brodo di coltura» delle organizzazioni mafiose, che prosperano in un quadro di incertezza, scarsità di offerta, tempi di autorizzazione lunghi. Laddove gli impianti esistono il fenomeno si riduce. Un altro dato è chiaro: la discarica attrae più illegalità degli impianti con tecnologie complesse (inceneritori, digestori).

Terzo: i criteri di assegnazione dei servizi di gestione dei rifiuti urbani sono ancora opachi, specie al Sud, con meccanismi al massimo ribasso, che generano offerte poco chiare. Dice la Dia: «La perdurante emergenza, che in alcune aree del Paese condiziona ed ostacola una corretta ed efficace gestione del ciclo dei rifiuti, vede tra le sue cause certamente l'assenza di un'idonea impiantistica, primi fra tutti i termovalorizzatori, e nel contempo il mancato potenziamento delle ulteriori infrastrutture necessarie, a monte, per il riciclo di materia e la stabilizzazione della trattazione organica. Una situazione che ha inevitabilmente determinato l'allungamento della filiera ed il mancato compimento del ciclo di gestione, demandando lo smaltimento dei rifiuti urbani al conferimento in discarica, che spesso avviene dopo un farraginoso e dispendioso iter di trattamento e trasporto». Un'ottima premessa a una strategia nazionale sui rifiuti.

E ancora: «È, pertanto, assolutamente necessario ridurre il più possibile l'intera filiera e fare in modo, così, che la chiusura del ciclo possa avvenire in prossimità del luogo di produzione del rifiuto, al di là della sola logica del conferimento in discarica. I trafficanti lo sanno bene: più rifiuti, più passaggi, più chilometri, più affari in vista». Dovrebbe leggere bene questa relazione il ministro dell'Ambiente, capendo che la repressione dell'illegalità non si fa con i proclami giustizialisti, ma colmando il gap fra domanda di smaltimento e offerta di impianti, senza preclusioni tecnologiche. E dovrebbero leggerla bene i tanti comitati che strepitano contro ogni tipo di impianto. Rendendosi di fatto, è ora di dirlo, complici delle ecomafie dei rifiuti.

È poi interessante osservare come queste opposizioni diventino più forti a mano a mano che si scende verso il Sud del paese. Il che è abbastanza singolare. Perché mentre il Nord è generalmente abbastanza dotato di infrastrutture, il Centro-Sud è deficitario da molti punti di vista. Si finisce per generare contraddizioni insolubili quando si arriva a toccare il fondo del barile e la situazione diventa insostenibile. Federico Pizzarotti, sindaco di Parma, fu espulso dai 5 Stelle fondamentalmente per non essersi opposto alla realizzazione di un inceneritore. Virginia Raggi, sindaco di Roma, è sempre sull'orlo del baratro con praticamente tutti i consiglieri del suo gruppo che votano con le opposizioni contro di lei e la necessaria discarica a Roma. La capitale d'Italia lascia i rifiuti per strada per la completa assenza di ogni impianto di trattamento sul suo territorio. Il principio di realtà talvolta si prende delle belle rivincite e chi è andato predicando per anni contro ogni impianto per qualsiasi forma di trattamento dei rifiuti, oggi deve fare i conti con alcune leggi fisiche che faceva finta di ignorare.

Ma questa storia purtroppo non riguarda solo i 5 Stelle. Un po' tutte le forze politiche, a destra e a sinistra, inseguono le proteste alla ricerca di qualche voto in più. Tant'è vero che oltre all'effetto Nimby si parla anche di «effetto Nimto» (*Not in My Term of Office*), per descrivere il comportamento di quegli amministratori che, anch'essi a parole, riconoscono l'importanza di un'opera ma fanno in modo che la realizzazione della stessa non avvenga durante il loro mandato.

Il risultato è amplificare in modo irragionevole il modestissimo impatto che queste opere avrebbero. E a forza di raccontarselo molti finiscono per crederci e rendere quindi impossibile ogni soluzione. L'aspetto ambientale passa decisamente in secondo piano, perché in molti casi è letteralmente impossibile negare il contributo migliorativo per l'ambiente di molte opere, a favore di un atteggiamento emotivo che prescinde da ogni valutazione costi/benefici. Negli anni passati, ad esempio, decine di comitati sono nati attorno al cantiere dell'alta velocità fra Roma e Milano. Oggi che finalmente, con anni di ritardo e costi cresciuti anche a causa delle continue interruzioni provocate dalle proteste e dai ricorsi alla magistratura, quella linea è in funzione, sono ormai dieci anni, tutti ne lodano sia l'avvicinamento che essa a prodotto fra città diverse, sia i benefici ambientali derivanti dalla riduzione dell'uso dell'aereo e delle automobili.

In questi comitati prevale un duplice atteggiamento. In realtà più che di proteste dovute a problemi ambientali si manifesta ormai un totale egoismo territoriale, che cerca di scaricare su altre parti la responsabilità di assicurare lo svolgimento di funzioni essenziali e la ricerca di notorietà a tutti i costi, anticipatrice di piccole future carriere politiche. Oltretutto questi atteggiamenti anziché portare benefici finiscono inevitabilmente per generare effetti controproducenti. L'esagerazione dei rischi e dei problemi finisce per gettare una luce negativa su quella porzione di territorio. Si è inoltre costruita un'artificiosa contrapposizione fra un Nord industriale, e quindi per definizione intasato da varie infrastrutture, e un Sud che dovrebbe trovare la sua vocazione fondamentalmente nel turismo e nell'agricoltura con il corollario della buona cucina. Peccato che le cose non stiano affatto così. Se si guarda alla classifica delle regioni con le maggiori entrate prodotte dal turismo, le regioni del Nord (con l'aggiunta del Lazio che conta su Roma) stanno tutte ai primi posti, e quelle del Sud agli ultimi. E se si guarda l'elenco dei buoni ristoranti e dei buoni vini d'Italia, si arriva allo stesso risultato. Prova evidente che non vi è alcuna contrapposizione fra attività economiche di tipo tecnologico-industriale e vocazioni turistiche. Anche perché il turista, oltre alle opere d'arte e ai bei paesaggi, cerca condizioni territoriali ospitali e ben infrastrutturate. In questi casi faccio sempre l'esempio di una zona d'Italia collocata nel Nord più industriale. La Franciacorta, un'area di pochi chilometri quadrati, nota per i suoi ottimi vini che godono di un importante premio di prezzo per la reputazione complessiva di quel territorio, meta di un turismo discreto. Se si punta un compasso nel centro della Franciacorta e lo si apre per una ventina di chilometri, si trovano all'interno della circonferenza che si crea il termocombustore di Brescia, l'autostrada Milano-Venezia, persino un autodromo e decine di aziende metalmeccaniche, chimiche e siderurgiche. Ma i produttori di vino di quella zona e gli operatori turistici non vanno in giro gridando che la loro zona è inquinata. Cosa che peraltro non è. Fanno il loro lavoro, i valori immobiliari crescono e il reddito pro capite è fra i più alti d'Europa. E la stessa cosa si può fare puntando il compasso su diverse zone del Nord, assai attive nel campo turistico. Per fare un esempio inverso, mi è capitato di lavorare al progetto di un impianto geotermico, dotato di tecnologia avanzatissima, priva di ogni emissione, da focalizzare in una zona industriale in Val di Paglia, ai confini con la Val d'Orcia. «Ai confini» significa che la zona industriale preesistente dista trenta chilometri da San Quirico d'Orcia, considerato il centro della valle. Che trova l'opposizione di un comitato locale, privo di argomenti sostanziali se non una confusa rivendicazione di integrità per la Val d'Orcia. Non rendendosi conto che anziché difendere il loro territorio in questo modo si solleva solo un inutile e controproducente allarmismo.

Il localismo e il comitatismo del no sono diventati un'emergenza nazionale. Sono incalcolabili i danni prodotti all'economia. Associazioni ambientaliste che hanno completamente abdicato alla loro tradizione per trasformarsi in gruppuscoli rissosi (Italia Nostra in particolare), sopravvissuti dell'estrema sinistra, bottegai convertitesi in evangelisti della sostenibilità, teorici del fatto che l'Italia potrebbe campare solo di turismo, cucina e agricoltura, sociologi del diritto all'ozio o meglio del non fare niente di faticoso. Ma anche politici di ogni colore alla ricerca di una facile popolarità.

Senza nemmeno rendersi conto del cumulo di contraddizioni che in questo modo si generano. L'Italia partecipa entusiasta al Green Deal europeo. Si è dotata di una strategia energetica ambiziosissima, peraltro licenziata da Di Maio, leader grillino, durante il suo ministero. Ogni tre minuti un esponente politico, soprattutto dell'area giallorossa, cita l'economia circolare come il mantra risolutivo di ogni problema. Ecco. Tutte queste cose bellissime esigono la realizzazione di nuovi impianti, come ripete spesso Stefano Ciafani, presidente di Legambiente. In campo energetico si tratta ad esempio di realizzare cinquanta-settantamila megawatt di nuova potenza solare, eolica, geotermica e alcune decine di impianti per la produzione di biogas da rifiuti o da scarti agricoli. Ma non c'è praticamente impianto, anche quello realizzato con le migliori tecnologie, che non sia contestato. Tanto una scusa si trova sempre. Le falde acquifere sono sempre lì, pronte a essere inquinate. Qualche volatile che corre il rischio di essere abbagliato dai riflessi di un pannello solare o triturato da una pala eolica si trova sempre. Poi c'è il rischio sismico, buono per tutti gli usi, e l'inquinamento acustico che dà fastidio a chi dorme con le finestre aperte. Qualche sovrintendenza è riuscita a scrivere che l'impianto in questione, qualsiasi esso sia, «modifica il paesaggio» (ancora non si è trovato il modo di fare impianti invisibili) e una di esse ha dato parere negativo perché l'opera in discussione era situata in una zona argillosa e l'argilla era il materiale da cui Dio aveva creato l'uomo. Giuro, è vero. Le *fake news*, create giusto per propagare allarmismo in un'opinione pubblica disorientata e smarrita, vengono prodotte a ripetizione. Un comitato locale è riuscito a giustificare la sua opposizione a un impianto fotovoltaico denunciando un possibile inquinamento delle falde acquifere. Una cosa che non sta né in cielo né in terra, perché letteralmente impossibile, visto che un impianto fotovoltaico non utilizza un litro d'acqua. Semplicemente la ripetizione di luoghi comuni, di cose sentite dire e fatte circolare come se fossero vere.

Altro che ambientalista collettivo. Ormai siamo ben oltre. Francesco Ferrante, ambientalista storico e piuttosto deciso, scrive che ci troviamo di fronte a degli «annientalisti» che non sanno nemmeno riconoscere la necessità di realizzare ciò che loro stessi hanno richiesto. Ma purtroppo anche quando, è il caso di Legambiente, si cerca un filo di razionalità, esso viene poi spezzato dalla pressione dei gruppi locali, che non hanno mai il coraggio di una distinzione netta dalla vulgata dell'«ambientalista collettivo». La verità è che tutto questo non c'entra un bel niente con l'ambientalismo e le sue ragioni. È anzi l'esatto contrario. Sono solo gruppi alla ricerca di visibilità, spesso animati da un egoismo conservatore che aborre ogni novità. E a cui la politica si piega, prigioniera di pochi voti. Altro che Green Deal e fanfaluche varie. Solo opportunismo dannoso oltre ogni limite, blocco di investimenti necessari come il pane, perdita di posti di lavoro. Accompagnati da una narrazione primitiva, che odia tecnologie e sviluppo.

Eppure, esistono anche sindaci e uomini politici che hanno il coraggio di andare avanti e realizzare ciò che serve alla loro comunità e al paese. E quando lo fanno vedono apprezzato il loro coraggio e i benefici che ne derivano. Pochi, ma esistono. E vanno sostenuti in ogni modo.

Questo atteggiamento porta poi a straordinari paradossi. Come quello relativo all'esplorazione e allo sfruttamento delle poche, ma significative, risorse di gas e petrolio presenti sul territorio nazionale, mare compreso. Prima di tutto, com'è noto, l'Italia è un grande importatore di combustibili fossili. Ci riscaldiamo prevalentemente con il gas, le famiglie italiane sono in testa alle classifiche per quanto riguarda il possesso di autovetture e in Italia c'è anche una discreta capacità di raffinare questi prodotti. Importiamo da paesi dove gas e petrolio vengono estratti con precauzioni ambientali assai inferiori a quelle obbligatorie in Italia e quindi con danni ben superiori. Ma l'opposizione agli impianti di questo tipo è pressoché totale. Meglio continuare a importare aggravando la nostra bilancia dei pagamenti, perdendo lavoro, occupazione, ricche entrate fiscali per lo Stato e cospicue *royalties* per i comuni interessati. Le proteste hanno spesso ottenuto i risultati desiderati. Tant'è vero che è passata una legislazione che di fatto vieta ogni esplorazione e sfruttamento delle risorse fossili in giacimenti marini. Con due paradossi. Siccome le risorse che giacciono in fondo al mare non rispettano i confini nazionali e spesso si trovano a cavallo fra vari Stati, quello che non estraiamo noi lo estraggono i nostri dirimpettai nell'Adriatico. E nell'area del Mediterraneo orientale, soprattutto fra Egitto e Israele, ma anche nelle acque di Cipro e Grecia, sono stati scoperti alcuni fra i più grandi giacimenti di gas, battezzati con nomi fantasiosi quali Leviathan, Afrodite, Zhor. Fra i paesi che al contrario di noi sanno guardare ai loro interessi è in corso una collaborazione/competizione per lo sfruttamento di questi giacimenti e per la ricerca di nuovi, in grado di assicurare indipendenza energetica e ricche entrate.

Ma quello che si fa lì non si può fare in Italia, come se il Mediterraneo non fosse un mare chiuso e di non enormi dimensioni.

Il secondo paradosso sono i complimenti, le felicitazioni, le impennate di orgoglio che le stesse forze politiche che hanno impedito l'attività estrattiva in Italia esibiscono quando il nostro campione nazionale, l'Eni, scopre nuovi giacimenti in giro per il mondo, com'è avvenuto recentemente in Mozambico con un giacimento gigante, scoperto e sfruttato dall'Eni, a 2600 metri di profondità. Quel che è bene da altre parti non è bene a casa nostra. Un'odiosa ipocrisia che sta distruggendo oltretutto un settore economico nazionale molto importante. Enrico Mattei, l'uomo che ha fondato l'Eni e trovato il gas in Val Padana, viene celebrato nei libri di storia. Fosse vivo si metterebbe le mani nei capelli. O, più probabilmente, dovrebbe combattere in qualche tribunale d'Italia accusato di ogni delitto. Ne faccio un breve elenco: corruzione nazionale e internazionale, inquinamento di terra, acqua e aria, gettito di cose pericolose, fondi neri, terremoti e subsidenza, rischi industriali ecc.

TRE MITI ITALIANI: TAP, OLIO DI PALMA E 5G

Il fatto è, purtroppo, che queste cause, basate sulla più totale approssimazione scientifica, costano tempo e denaro. E fanno perdere al nostro paese occasioni di crescita. I casi da citare sarebbero moltissimi. Mi limito a un altro paio di esempi.

Mentre scrivo, diversi giornali danno notizia della quasi ultimazione del gasdotto Tap (Trans Adriatic Pipeline). Una tubatura deposta sul fondo del Mediterraneo per trasportare miliardi di metri cubi di gas dal Mar Caspio verso l'Europa. Aumentando la capacità di rifornimento di questo importante combustibile e diversificando le fonti di approvvigionamento. Il nuovo gasdotto non passa né si rifornisce dalla Russia, che rimane comunque uno dei nostri principali fornitori. Anche troppo. Diverse fortune politiche si sono costruite attorno all'opposizione a questa importante struttura. Essa infatti «riemerge» nell'entroterra pugliese dopo essere passata sotto la bella spiaggia di San Foca, importante richiamo turistico. Motivo sufficiente per scatenare una campagna allarmistica che ha dominato per mesi e per anni le cronache locali e nazionali. Comprese manifestazioni non sempre pacifiche, sabotaggi ai mezzi di lavoro delle ditte costruttrici, ricorsi a vari tribunali, interrogazioni a tutti i parlamenti del mondo. Attivissimi naturalmente i 5 Stelle, eletti proprio in forza di questa battaglia, ma non ha fatto mancare la sua voce nemmeno l'estemporaneo presidente della Regione, Michele Emiliano. Oltre alla spiaggia, l'altra parte della natura da difendere erano poche centinaia di ulivi, che sono stati prima espiantati, messi a dimora e poi reimpiantati una volta finiti i lavori. La storia degli ulivi è fantastica. Prima di tutto la Puglia ha esportato ed esporta ogni anno centinaia di ulivi secolari, venduti a caro prezzo, che vanno ad arredare le ville del Nord e su cui tutti hanno sempre taciuto. In secondo luogo, nello stesso periodo una terribile infezione di importazione, la Xylella, ha colpito vaste aree di uliveti condannandoli a morte. Sin dall'inizio gli scienziati che se ne sono occupati hanno consigliato la distruzione delle piante malate per isolare l'infezione. Anche qui si è preferito gridare al complotto, evitare rimedi esoterici, accusare le multinazionali, l'Europa e il mondo intero. Salvo dover riconoscere con molto ritardo e con danni forse non più contenibili che quella era la soluzione giusta.

Ma torniamo al metanodotto. Il tubo è stato steso sotto la spiaggia e nessuno si è accorto di nulla, compresi i bagnanti che la affollano. Gli ulivi, curati come bambini preziosi (probabilmente in tutto il mondo nessun ulivo ha mai ricevuto tante cure ed è costato tanto), torneranno al loro posto. Ricordo, in uno dei tanti dibattiti, un attivista No Tap urlare che solo un incosciente avrebbe potuto portare i propri figli (i figli sono ricorrenti nella retorica ambientalista) su una spiaggia sotto la quale corre un tubo pieno di gas. Il signore non sapeva che a casa sua, riscaldata con il gas, e sotto il suo letto corrono centinaia di metri di tubi del gas. Che in Italia ci sono migliaia di chilometri di grandi metanodotti e centinaia di migliaia di chilometri di tubazioni minori che raggiungono le nostre case, i nostri luoghi di lavoro, le scuole dei nostri (famosi) figli.

Un altro esempio fantastico è l'olio di palma. Che cos'ha che non va l'olio di palma? Assolutamente niente. Non è differente da qualsiasi altro olio se non per specifiche caratteristiche. Certo, a me piace di più l'olio di oliva extravergine che si coltiva sulle colline toscane, ma ad esempio il ragazzo dello Sri Lanka che abita da quelle parti continua a preferire l'olio di cocco, tradizionale nella sua terra. L'olio di palma si usa da diecimila anni ed è l'olio vegetale più utilizzato al mondo. Ciononostante, contro l'olio di palma si è scatenata una campagna mediatica priva di senso. Ancora oggi trovate annunci pubblicitari che assicurano che un certo prodotto «non contiene olio di palma».

Quello della pubblicità *green* è un mondo che andrebbe esplorato a parte. Spesso abuso totale della credulità popolare, dove le *fake news* propagate sulla rete vengono riprese per propagandare un prodotto. Una pubblicità di un'acqua minerale ad esempio si definiva «contro la CO_2», che sarebbe come dire che si è contro il principale alimento di tutto il mondo vegetale.

L'accusa principale è quella di essere cancerogeno e a questo proposito è forse bene citare cosa dice l'Airc, la Fondazione per la ricerca sul cancro: «In conclusione è consigliabile non abusare di cibi contenenti olio di palma, ma non c'è alcun motivo ragionevole per eliminarli». Ora, anche un bambino dovrebbe avere imparato che l'abuso di qualsiasi sostanza alimentare comporta danni spesso irreparabili. Anche della pasta in bianco.

Ma qui c'è stata una novità importante. La Ferrero, l'industria dolciaria nata in Italia, utilizza largamente l'olio di palma e lo usa per il suo prodotto principale: sua eccellenza la Nutella. Ma anziché nascondersi o attendere che passasse la buriana chinando il capo, la Ferrero ha preso carta e penna e ha riempito i giornali italiani di comunicazioni pubblicitarie in cui ha spiegato per bene perché usa olio di palma, che non è nocivo e anzi per le sue caratteristiche organolettiche si presta in modo eccellente alla preparazione della Nutella.

Mi tocca infine ricordare l'ossessione di alcuni gruppi per il cosiddetto «inquinamento elettromagnetico», diventato anch'esso paura per i tanti prigionieri di ogni reiterato allarme, a prescindere dalla sua fondatezza.

Qui devo raccontare una piccola storia. Quando nel 1996 fui nominato presidente dell'Enel, erano cominciate le prime contestazioni contro le presunte emissioni generate dai campi elettromagnetici delle reti elettriche. All'inizio dei cavi di alta tensione, ma in seguito praticamente di ogni linea elettrica, comprese le cabine interrate che l'Enel realizzava nei centri urbani. Ne sapevo poco e poco fidandomi (facevo male) di quanto mi dicevano gli ingegneri dell'Enel che consideravo parte in causa, scelsi un collaboratore, anzi una collaboratrice, che aveva lavorato con me a Legambiente, le assegnai un ufficio e le chiesi di farsi rivedere dopo tre mesi, dopo che avesse fatto tutto quello che doveva fare per fornirmi un parere solido sulla pericolosità (presunta) dell'inquinamento elettromagnetico, senza lasciarsi influenzare. La collaboratrice fece il suo lavoro, vale a dire consultò le agenzie sanitarie di diversi paesi europei, le organizzazioni internazionali come l'Oms (l'agenzia Onu per la protezione della salute umana), la letteratura scientifica e quanto altro fosse disponibile. Le conclusioni furono che i limiti stabiliti dalla legge italiana erano ampiamente sufficienti per proteggere la popolazione da ogni rischio. Ciononostante, ricevetti un avviso di garanzia da Raffaele Guariniello, magistrato torinese, il quale non potendomi perseguire per violazione delle norme si inventò il meraviglioso reato di «gettito di cose pericolose». Come quello di chi getta pietre dai viadotti autostradali, ma al posto dei sassi c'erano i campi elettromagnetici e al posto dei ponti i tralicci dell'Enel. Né mancarono i momenti comici.

Al Senato si discuteva una proposta di legge che abbassava ulteriormente i già stringenti limiti di emissione che la legislazione italiana aveva stabilito. Fui invitato per un'audizione e ci andai portandomi appresso un misuratore di campo. Dimostrai ai solerti senatori che se fosse passata la legge da loro proposta, l'aula nella quale ci trovavamo avrebbe dovuto essere praticamente demolita perché a causa dell'impianto elettrico, di quello audio presente in ogni scranno e di vari altri aggeggi i limiti proposti erano ampiamente superati. Il rappresentante delle Ferrovie spiegò che con quei limiti i passeggeri avrebbero potuto sedersi solo al centro dei vagoni del treno perché all'inizio e alla fine la presenza di impianti elettrici portava al superamento dei limiti. Per fortuna ci pensò Umberto Veronesi, all'epoca ministro della Salute, a porre un veto su queste iniziative legislative sciagurate. «Se dobbiamo spendere dei soldi», disse, «spendiamoli per rimuovere ciò che fa veramente male, per la ricerca e per curare le persone malate».

Storia finita? Assolutamente no. Adesso abbiamo i comitati contro le antenne per la telefonia 5G. Il che mi ricorda una trasmissione tv dove un noto attore italiano mi diede dell'assassino perché Wind, azienda telefonica allora di proprietà dell'Enel, voleva installare un'antenna nei pressi di casa sua. Alcune settimane dopo me lo ritrovai in uno spot pubblicitario passato in tv per spingere le vendite di un nuovo modello di cellulare!

Il 5G viene considerato una tecnologia di trasmissione dei dati molto performante. Un'infrastruttura che migliorerà la produttività dei nostri sistemi economici. Ad essa è legata un'ulteriore fase di dematerializzazione delle nostre economie e passi avanti fondamentali in settori come il telelavoro, la robotica, le auto a guida autonoma e altre belle cose ancora. Solo che in Italia abbiamo un problema. I limiti ultrarestrittivi che ci siamo dati per quanto concerne le emissioni elettromagnetiche fanno sì che le antenne già esistenti che reggono i sistemi di trasmissioni che usiamo oggi (prevalentemente 3G e 4G) non possano ospitare anche il 5G, perché quei limiti verrebbero superati. Ma allo stesso tempo nessuno vuole nuove antenne. Un meraviglioso titolo di un giornale calabrese recitava qualche mese fa: *Catanzaro dice no al 5G*. Più o meno come dire no all'acqua calda, alle ferrovie, al telegrafo e a quanto ci ha reso la vita più comoda. Il 5G arriverà anche in Italia, non potremo farne a meno, ma arriverà con anni di ritardo rispetto ad altri paesi che già lo stanno installando a passo di carica, e costerà molto di più.

FA PIÙ MALE IL VINO O IL GLISOLFATO?

Concludo con un piccolo ritorno al problema della cancerogenicità di alcune sostanze, sempre additate come potenziali assassini. Ho fatto prima l'esempio del glisolfato. E ne potrei fare molti altri. L'Oms e la Fao scrivono al riguardo: «È improbabile che l'assunzione di glisolfato attraverso la dieta sia cancerogena per l'uomo». «Improbabile», dice l'Oms, e chi fa ricerca scientifica sa cosa vuol dire quell'aggettivo. Più o meno che non vi è alcuna evidenza che lo sia. Nel frattempo la stessa Oms inserisce l'alcol nel gruppo 1, quello che raccoglie le sostanze che presentano sicure evidenze di cancerogenità. Per la bocca, l'esofago, la laringe, il seno, il colon, il fegato e il pancreas. Ne consiglia un uso assai moderato. Al massimo un paio di bicchieri al giorno.

Avete mai sentito un comitato di qualche genere denunciare la cancerogenicità del vino? No, e per un motivo evidente. Come sarebbe possibile mettere nell'angolo dei cattivi la bevanda nazionale, uno dei principali fattori del nostro export alimentare? Anzi un alimento *cult* anche per quella parte della narrazione ambientalista che considera il ritorno alla terra e lo *slow food* due valori da promuovere?

Quando faccio questi esempi in qualche conversazione o dibattito, una delle osservazioni che mi viene contrapposta recita più o meno così: «Sì certo, tu hai ragione, ma è anche importante che si crei una coscienza per l'ambiente, una sensibilità che spinga nella direzione giusta». Mi spiace, ma non sono d'accordo. Accarezzando le varie sensibilità, e anzi coccolandole, se non vanno nella direzione giusta si fanno solo danni. Sto nella sinistra da tempo e i compagni che sbagliano (ma alla fine sono sempre compagni) hanno fatto danni enormi. Se si parla di riciclaggio, ma poi si fa la guerra a discariche e inceneritori non si è sensibili, ma solo impreparati e demagogici. Se si colpevolizza la plastica in quanto tale e poi si digita su telefonini e pc e si protesta perché non ci sono abbastanza mascherine, si dice una falsità e si è ipocriti. Se ci si oppone a qualsiasi impianto energetico – anche a quelli alimentati da vento, sole, acqua o calore terrestre –, la sensibilità ambientale non c'entra proprio niente. Piuttosto, si liscia il pelo a una bestia che non migliora l'ambiente di un grammo. Magari per qualche voto in più o per un titolo sui giornali.

In realtà il comitatismo nullista è anche la conseguenza di un ambientalismo pasticcione e approssimativo. Più alla ricerca di occasioni di denuncia e di consenso popolare che di soluzioni efficaci. Per questo si fa continuamente leva sulle paure delle persone, sull'ostilità nei confronti dell'industria, sul sospetto come un propagatore di sfiducia. Una macchina che una volta messa in moto è difficile arrestare. Tutto questo, accoppiato alle inefficienze dell'amministrazione pubblica italiana e al protagonismo delle magistrature, ha un effetto dirompente sulla possibilità di realizzare tutte quelle opere che dovrebbero servire a migliorare l'Italia anche dal punto di vista ambientale. E così gli ambientalisti cadono nelle trappole, queste sì, circolari, da loro stessi preparate.

UN'EREDITÀ INQUINATA?
LA MADRE DI TUTTE LE BATTAGLIE

Veniamo alla madre di tutte le battaglie, la questione che dal punto di vista delle politiche ambientali è considerata il problema dei problemi, quello che ha fatto fare un salto di qualità a tutta la storia: l'effetto serra e il riscaldamento del pianeta. La causa dell'aumento della temperatura terrestre, secondo gli scienziati che studiano il problema per conto dell'Onu e di altri istituti, è fondamentalmente un accumulo di gas in atmosfera che amplificano quell'effetto serra che di per sé, se mantenuto dentro limiti accettabili, è benefico per il pianeta, perché trattiene sulla crosta terrestre il calore prodotto dai raggi solari. Se non ci fosse questo effetto, la Terra sarebbe fredda e inospitale. Ma se esso diventa troppo marcato, a causa appunto dell'aumento dei gas serra, la temperatura potrebbe salire di diversi gradi cambiando completamente gli ecosistemi attuali e la struttura degli insediamenti umani.

Questa è l'opinione della maggioranza della comunità scientifica e molti governi, compresa l'Unione europea, l'hanno fatta propria adottando programmi per la riduzione dei gas detti «climalteranti». Sarei però disonesto con me stesso se non precisassi un paio di cose. Personalmente, per quel che vale, sono convinto di questa tesi. Ritengo inoltre che combattere i gas serra significhi mettere in atto una serie di azioni benefiche anche rispetto ai loro effetti collaterali. Significa ripulire l'aria anche da altri inquinanti, adottare tecnologie avanzate, fare investimenti pubblici e privati importanti per l'economia e l'occupazione.

Detto questo, dovremmo ricordarci tutti, con un po' di cautela, che non siamo in presenza di una scienza esatta. La climatologia non è la fisica newtoniana, in grado di calcolare al millesimo l'accelerazione di un corpo causata dalla forza di gravità. Peraltro anche la fisica newtoniana è stata rivista da Einstein. Quello che studia il clima è piuttosto un «sistema», che deve fare i conti con un numero quasi infinito di variabili, di effetti retroattivi potentissimi, di fattori che dipendono non solo da quanto avviene sulla Terra, ma nell'insieme più ampio del sistema solare. Per di più su periodi di tempo plurisecolari. La stessa storia del nostro pianeta ci ricorda che, anche in assenza di attività umane consistenti, fasi climatiche diverse si sono alternate passando da situazioni di *optimum* climatico a periodi più freddi o più caldi che hanno segnato la storia della civilizzazione umana. La stessa Ipcc, l'organismo dell'Onu che studia il riscaldamento globale, è consapevole di questa incertezza. Intanto perché le sue previsioni sono già state smentite. Nel rapporto del 2007 l'Ipcc constatava che nel decennio precedente la temperatura era salita di 0,2 gradi, pertanto ha formulato delle previsioni per i decenni successivi assumendo lo stesso tasso di crescita. Ma fino al 2012, la temperatura è cresciuta di «soli» 0,05 gradi per decennio. Non dico questo per indebolire la tesi del riscaldamento globale, ma solo per sottolineare quanto sia difficile fare previsioni in questo campo. E infatti sul sito web dell'Ipcc c'è un'avvertenza relativa al fatto che l'organizzazione non garantisce l'accuratezza dei dati pubblicati.

Per questo non dobbiamo stupirci se una minoranza di scienziati, anche in Italia, continua a ritenere che la causa dell'attuale riscaldamento del pianeta non sia da attribuire in tutto o in parte ai soli fattori umani. È francamente inaccettabile la vera e propria opera di criminalizzazione operata nei confronti degli scienziati dissidenti, definiti spregiativamente con il termine «negazionisti» (lo stesso usato per chi contesta l'esistenza dei campi di sterminio tedeschi); ciò rappresenta un grave danno per la scienza, che dovrebbe essere libera di sostenere le tesi più divergenti, ma anche per gli stessi sostenitori della tesi dominante, con i quali concordo. Un confronto fra tesi diverse non può che aiutarci a capire meglio come stanno le cose. Si ha spesso invece l'impressione che domini un dogmatico furore ideologico, che non teme nemmeno il ridicolo, attribuendo al riscaldamento climatico ormai qualsiasi fenomeno meteorologico di devianza da quanto normalmente atteso. Si è arrivati al punto di rivolgere un appello alla stampa perché non vengano pubblicati articoli che mettano in discussione la tesi prevalente. Alcuni siti web hanno pubblicato una sorta di lista della vergogna, secondo loro, con i nomi degli scienziati scettici. Fra di loro ci sono alcuni dei più eminenti scienziati mondiali. Anche l'accusa – rivolta ad alcuni «dissidenti» – di essere destinatari di finanziamenti dal mondo industriale dimentica che sono migliaia i tecnici e gli scienziati che li ricevono proprio per avvalorare la tesi *mainstream* del riscaldamento globale. Un po'di cautela sarebbe quindi auspicabile da tutte le parti.

Detto questo, e assumendo per intero l'ipotesi che l'aumento delle temperature sia fondamentalmente dovuto alle attività umane successive alla rivoluzione industriale e si sia particolarmente accentuato nel secondo dopoguerra (ancor più negli ultimi venti o trent'anni, con la trasformazione di paesi sterminati come la Cina, l'India e buona parte dell'Asia in nazioni industriali), dobbiamo domandarci due cose: cosa si può fare per risolvere il problema ? Come mai i risultati ottenuti fino a oggi sono praticamente nulli, e anzi la situazione continua a peggiorare? Riduzioni consistenti dei gas serra su scala globale si sono avute solo in presenza di decisi fenomeni recessivi dal punto di vista economico, com'è avvenuto nella crisi 2007-2013 e nell'attuale recessione dovuta al coronavirus. Ma con un quasi immediato ri-aumento delle emissioni una volta ripartita la crescita.

Produzione di energia con l'utilizzo di combustibili fossili, trasporto privato e commerciale con auto, camion, navi e aerei che utilizzano derivati dal petrolio, attività industriali varie. I gas serra rilasciati ogni anno in atmosfera hanno continuato a crescere. Ci abbiamo messo circa duecento anni, dal 1770 al 1970, per immettere in atmosfera 400 miliardi di tonnellate di CO_2, vent'anni, dal 1970 al 1990, per aggiungerne altre 400, sedici anni, dal 1990 al 2006, per le successive 400 e solo undici anni per le ultime 400, dal 2006 al 2018. Non solo aumentano le tonnellate immesse ogni anno, quindi, ma anche la velocità di accumulo. Alcuni studi ipotizzano addirittura che il picco delle emissioni, cioè la punta oltre la quale esse dovrebbero cominciare a scendere, sarà raggiunto solo dopo il 2030, quando le attuali economie in rapida crescita, Cina e India fra tutte, avranno raggiunto un tetto e cominciato a modificare la loro struttura produttiva.

Ma fino a oggi la crescita economica dei diversi paesi del mondo, a cominciare da quella occidentale, è avvenuta accoppiandosi all'aumento dei gas serra. È come se ciascuno di noi viaggiasse con due zainetti, uno sulle spalle e uno sul petto. In quello che portiamo bene in vista sul nostro petto c'è la ricchezza di cui disponiamo, che è andata crescendo nel tempo. In quello retrostante, nascosto da sguardi indiscreti, c'è una certa quantità di gas serra che ne sono la conseguenza diretta. Se usiamo l'automobile ne traiamo un beneficio, ma contemporaneamente emettiamo una certa quantità di gas serra; se accendiamo il riscaldamento o il condizionatore di casa nostra succede la stessa cosa: un beneficio a fronte di un costo ambientale. E così per molte attività individuali e collettive.

Per ridurre i gas climalteranti dobbiamo fronteggiare e risolvere due problemi. Innanzitutto, quelli già accumulati (solo dal 1990 a oggi questa quantità è raddoppiata!) non sono stati prodotti da tutti gli esseri umani in modo proporzionale. Più del 50% dei gas già presenti in atmosfera appartengono, diciamo così, a Usa, Europa e Giappone, che presi assieme fanno il 17% della popolazione mondiale. Queste tre aree del mondo detengono però il 53% della ricchezza globale (dati 2019 del Fondo monetario internazionale e dell'Onu). E qui c'è il primo problema. Perché le nazioni che fino all'altro ieri hanno immesso quantità ridotte o quasi nulle, e oggi invece ne producono in grandi quantità, non accettano di sentirsi dire: «Ehi, ragazzi, l'atmosfera è già piena, dovete fermarvi». Perché fermarsi, per Cina, India, Africa e buona parte dell'Asia, significa rallentare quella crescita economica che le sta portando fuori dalla povertà. Dalla quale noi siamo usciti da tempo, anche riempendo l'atmosfera con i nostri gas serra.

C'è poi il secondo problema. Le emissioni totali continuano a crescere anno dopo anno. Il 2019 ha visto il picco annuale ed è probabile che esse continueranno ad aumentare, andandosi ad aggiungere a quelle già accumulate. I paesi che più contribuiscono a questa crescita non sono più Stati Uniti e Unione europea, ma Cina e India.

Ma... C'è un «ma» grande come una casa. È ovvio che un paese come la Cina, con 1,3 miliardi di cittadini, emetta più di un paese come gli Usa, che conta una popolazione di 327 milioni di abitanti. Se volessimo essere equi (nella distribuzione dei pesi dei nostri zainetti), dovremmo guardare perciò alle emissioni pro capite. Per scoprire che mentre quelle della Cina sono oggi allineate a quelle dell'Ue (circa 7 tonnellate a cranio), ma ancora largamente inferiori a quelle degli Usa (16,2 tonnellate), quelle dell'India (1,8) sono lontanissime sia da Usa che da Ue. Stesso discorso, con dati simili, si potrebbe fare per tutta l'Africa e l'Asia. Fra l'altro, buona parte dell'aumento di emissioni da parte dei paesi in via di sviluppo deriva dal fatto che vi abbiamo trasferito le nostre manifatture, e dagli stessi importiamo poi enormi quantità di merci. In altre parole, abbiamo esportato le nostre emissioni e le reimportiamo, creandone ulteriori con i trasporti, sotto forma di merci pronte per il consumo.

Una ricetta onesta dovrebbe quindi recitare più o meno «incontriamoci a metà strada»: voi paesi sviluppati diminuite le vostre, e noi paesi in crescita aumentiamo le nostre, fino a raggiungere una sorta di parità. Una certa narrazione attribuisce ai potenti della Terra, ai governi e a vari poteri nazionali e sovranazionali la responsabilità di questo aumento. C'è del vero. Nel senso che ogni governo è consapevole che ridurre i gas serra significa o può significare un incremento dei costi per i propri cittadini. Occorre investire in nuove tecnologie, tassare i prodotti più inquinanti, rinunciare ai combustibili fossili, ridurre ogni forma di spreco. Tutte cose auspicabili, ma costose. E quindi recalcitra. Perché sono i cittadini stessi a recalcitrare. Magari gli stessi che in altra sede manifestano a favore dell'ambiente. Pensiamo agli Usa, dove ogni ipotesi di tassare in modo più forte i carburanti per le automobili solleva vere e proprie rivolte popolari, cosa peraltro successa anche in Francia, dove la rivolta dei cosiddetti «gilet gialli» è partita dalla proposta di aumentare il costo del gasolio – proposta che il governo ha poi dovuto ritirare. Insomma, non esistono pasti gratis. Non si può, quindi, parlare di riduzione dei gas serra se non si parla della struttura economica del mondo e delle gigantesche disuguaglianze che lo attraversano.

Anche l'osservazione dei dati storici di produzione della CO_2 dimostra il legame fra povertà/ricchezza e questione ambientale. I paesi ricchi oggi hanno emissioni stabili o in decrescita. Grazie a tecnologie che già hanno realizzato il disaccoppiamento fra ricchezza prodotta e consumo di risorse naturali. I paesi meno ricchi e quelli più poveri sembrano ripercorrere questa strada e continueranno a incrementare le loro emissioni fino a a quando non disporranno di quote di ricchezza sufficienti a iniziare il disaccoppiamento, spostandosi sempre più verso tecnologie a basso contenuto di carbonio.

IL GREEN DEAL E IL SALTO DELLA RANA

C'è una via per sfuggire a questo corso naturale delle cose. Evitare il passo pesante e regolare dell'elefante per adottare il modo di procedere della rana, cioè saltando. Saltando fasi della storia e diminuendo ulteriormente il tempo di trasferimento delle tecnologie migliori in ogni parte del globo.

Implementare queste tecnologie e renderle disponibili è la strada maestra da percorrere. Alcune sono pervasive e si autoimpongono. Grazie al mercato. Altre hanno bisogno di capitali importanti non disponibili in alcune aree e quindi di trasferimenti dal Nord al Sud del mondo.

Forse l'Europa grazie al suo Green Deal sarà l'incubatore di molte di queste cose? Non ne sarei così sicuro. L'Europa pesa molto in termini di standard e di investimenti pubblici. Ma dal punto di vista dell'innovazione fino a oggi la partita si è giocata da altre parti. Vent'anni dopo, quanto efficace si può dire sia stato il contagio delle buone politiche europee che si sono susseguite a ritmi piuttosto sostenuti? Le emissioni Ue di CO_2 da combustibili fossili erano 3,7 miliardi di tonnellate nel 2000 e oggi sono 3,1 miliardi: 0,6 miliardi in meno. Nel resto del mondo, però, nel 2000 erano 19,5 miliardi di tonnellate e oggi sono più di 30: un incremento quasi diciotto volte superiore alla riduzione conseguita in Ue; riduzione che dunque non ha avuto di fatto alcun effetto sul clima.

Per di più, di questi 11 miliardi di tonnellate aggiuntive non sono stati responsabili paesi già sviluppati. Infatti, dal 2000 a oggi, anche gli Usa hanno ridotto le emissioni di CO_2 del 16% circa (come l'Ue; in gran parte grazie al salto tecnologico dello *shale gas* che ha sostituito una grossa quota di carbone nella generazione elettrica), e in Giappone e Canada sono rimaste pressoché invariate.

Esse sono invece cresciute di 6,2 miliardi di tonnellate in Cina (+200%), di 1,3 miliardi in India (+150%), di 0,6 miliardi in Africa ecc. Tutte in paesi che nello stesso periodo sono cresciuti molto (Pil +350% in Cina, +250% in India) o ancora troppo poco (+100% in Africa); ma soprattutto che, nonostante gli aumenti assoluti, hanno ancora consumi di energia pro capite ben inferiori a quelli dei paesi ricchi (2,2 tonnellate di petrolio equivalente in Cina, 0,7 in India e in Africa, contro 3,3 dell'Ue, 3,5 del Giappone, 7 degli Usa).

L'area economica europea è quindi quella che più di altre ha ridotto le sue emissioni. Purtroppo, pesa per meno del 10% delle emissioni totali, e questa percentuale è in riduzione costante. Le conseguenze globali della sua azione sono perciò abbastanza limitate: una riduzione del 10% delle emissioni europee pesa per l'1% sulle emissioni mondiali. Per la verità, l'Europa affida al suo Green Deal anche altri obiettivi, come quello di un rilancio degli investimenti e dell'occupazione. Vedremo.

Ma c'è una questione che merita un approfondimento. Fino a oggi, l'innalzamento degli standard ambientali (sempre più severi) è stato uno degli elementi (insieme alla larga disponibilità di mano d'opera e al basso costo del lavoro) che ha aumentato la competitività di altre economie, quelle asiatiche in primo luogo. Le imprese europee e americane hanno trovato più conveniente produrre determinati beni in Cina o in India. Questo non è stato altro che un processo di delocalizzazione delle nostre industrie inquinanti in altri paesi. Tuttavia questo inquinamento, e le maggiori emissioni di CO_2 associate alla produzione di determinati beni materiali, le ritroviamo in casa nostra, contenute nei beni che importiamo. In breve, altri producono per noi i beni ad alto contenuto carbonico. Per correggere il meccanismo l'Unione europea pensa di mettere una tassa ai confini, un dazio, che penalizzi i beni importati, sulla base della CO_2 associata. A parte la difficoltà di stabilire quali beni tassare e per quanto, ci sono due potenziali conseguenze negative e una potenzialmente positiva. La prima, negativa: una tassa di confine significa un aumento del costo dei beni importati, costo che si ribalterà sui consumatori europei, peraltro in modo «regressivo». Vale a dire che a pagare di più saranno proporzionalmente i consumatori più deboli: se tasso un bene prodotto in Cina, che si tratti di una maglietta di cotone o di un iPhone, questo costo verrà inevitabilmente ribaltato sul consumatore finale, come se fosse un'imposta indiretta che, com'è noto, pesa apparentemente in modo uguale per tutti, ma in realtà proporzionalmente in misura maggiore sui consumatori con redditi più bassi. La seconda, sempre negativa, è che un dazio è sempre un dazio. Anche se verde. Rappresenta, cioè, una barriera commerciale. E i dazi sono solitamente portatori di conflitti e di contromisure di segno opposto. Potrebbero essere i paesi colpiti a stabilire, a loro volta, dazi sulle merci esportate dall'Europa.

La conseguenza positiva potrebbe favorire, invece, la nascita di una competizione virtuosa per ridurre il contenuto di CO_2 di ogni singolo prodotto. I paesi colpiti dal dazio verde applicato ad alcuni loro beni potrebbero reagire accettando la sfida e riducendone il contenuto di carbonio dei loro prodotti. Anche perché l'alternativa potrebbe essere il rientro in Europa di almeno alcune delle attività oggi delocalizzate. Semplicemente perché i dazi potrebbero annullare i benefici del minore costo di produzione.

E SE FACESSIMO LA RIVOLUZIONE?

Potremmo cambiare radicalmente strada e fare una rivoluzione. Sì, ma come? La CO_2 non è un gas inquinante, è largamente presente in natura, non nuoce alla salute umana e non ha un effetto locale. Diversa la questione per i gas inquinanti. In Italia la pianura padana è inquinata, i paesini degli Appennini no. Invece i gas climalteranti svolgono il loro effetto su scala globale, aumentando la quantità di CO_2 che si accumula nell'atmosfera. È indifferente dove si producono, hanno lo stesso effetto su tutto il pianeta, ed è ugualmente indifferente dove si riducono. Allo stesso tempo, l'effetto benefico di un'eventuale riduzione, purché consistente, vale per tutto il globo. C'è però una differenza profonda: i costi.

Siccome non tutti i paesi del mondo hanno lo stesso grado di efficienza, conseguenza del livello qualitativo del loro assetto produttivo e del modo in cui producono energia, ridurre ulteriormente i livelli di CO_2 nei paesi avanzati è molto più costoso che farlo nei paesi meno efficienti. Se veramente consideriamo il riscaldamento climatico un'emergenza a breve termine, e siccome le risorse economiche disponibili, per quanto ampie, sono comunque per definizione limitate, nella lotta alla CO_2 occorrerebbe partire da dove il costo unitario di riduzione di una tonnellata è più basso. Rendendo quindi più efficienti i nostri investimenti. Un euro o un dollaro investito in Cina, o in India, produce un ritorno molto maggiore che in Europa in termini di riduzione dei gas climalteranti. In quei paesi c'è un mare di efficienza energetica, da recuperare con investimenti tutto considerato limitati. Non solo: Cina e India continuano a costruire nuove centrali a carbone. Ma la loro efficienza non è certo paragonabile a quella delle ultime centrali a carbone realizzate in Italia. Migliorare di qualche punto l'efficienza cinese significherebbe risparmiare milioni di tonnellate di carbone.

Questa sì, sarebbe una rivoluzione. Vorrebbe dire riconoscere il carattere globale della sfida climatica e sviluppare un livello di cooperazione fra Stati mai visto in precedenza. Uno strumento di questo genere sarebbe peraltro già disponibile con i permessi di scambio della CO_2, ma è usato molto limitatamente. Per ragioni intuibili. Essi consentirebbero alle imprese di investire in progetti di riduzione della CO_2 in qualsiasi parte del mondo, usandoli per rispettare i limiti imposti dalle legislazioni nazionali. Ma nessun governo è in grado di spiegare ai suoi elettori ingenti investimenti in altri paesi. Ragion per cui l'Europa giocherà in casa, investendo nel suo Green Deal somme enormi a costi marginali molto alti. Inoltre, come abbiamo visto l'Europa pesa oggi per meno del 10% delle emissioni mondiali e nel 2050, data indicata dal piano per il raggiungimento della neutralità (cioè per il non aumento delle emissioni), conterà per poco più del 5%. Difficile pensare che questa sia una strada davvero efficace per affrontare un problema che ha dimensioni globali.

TASSE E INCENTIVI SONO (QUASI) LA STESSA COSA

Occorrerà anche evitare i grossolani errori commessi nel passato. Mettere a disposizione risorse economiche importanti è utile. Ma ancora più rilevante è allocarle in modo efficiente, evitando effetti macroeconomici controproducenti. L'Europa ha deciso di fare suoi gli obiettivi di decarbonizzazione dell'economia del continente. Con target molto sfidanti: riduzione del 50% delle emissioni entro il 2040 e neutralità, cioè saldo netto fra nuove emissioni e capacità di assorbimento delle stesse, pari a zero nel 2050. La discussione si sposta quindi non sul «se», ma sul «come» fare le cose necessarie. Valanghe di denaro pubblico e privato prenderanno la via della decarbonizzazione e fare in modo che siano spese nel modo più efficiente possibile dovrebbe essere un obiettivo ragionevole. Vari osservatori stimano fra i 50 e i 100 miliardi di euro le somme che dovrebbero essere investite ogni anno, almeno per i prossimi dieci anni, solo in Italia.

Una prima quota dovrebbe venire dal mondo privato, soprattutto dalle imprese. Processi di miglioramento sia sul lato dell'efficienza energetica, sia su quello dell'economia circolare – con relativi risparmi di materie prime – possono coesistere con un conto economico in ordine. Un combinato disposto fra sgravi fiscali automatici (superammortamenti) e industria 4.0, cioè una fase ulteriore di digitalizzazione e dematerializzazione delle strutture produttive, potrebbe anzi compiere il piccolo miracolo di stimolare investimenti e occupazione nel breve periodo ed entrate fiscali nel medio-lungo. Un po' come sta accadendo con gli sgravi per le ristrutturazioni edilizie, finalizzate al miglioramento dell'efficienza energetica degli edifici e alla loro sicurezza. Discorso che vale quindi anche per le famiglie.

Una seconda leva importante sta venendo dal mondo finanziario. Numerosi istituti, dalle banche agli investitori istituzionali, dai *private equity* ai fondi sovrani e a numerose altre categorie di investitori, hanno deciso di escludere dal loro perimetro operazioni ad alto contenuto di carbonio, e di favorire invece investimenti *green*. Le aziende che ricorrono al credito o che vogliono attrarre investimenti dovranno dotarsi sempre più di un *rating* ambientale e di modelli di business che muovano verso la decarbonizzazione.

Le cose si fanno più complicate quando passiamo alle misure che devono essere messe in campo dallo Stato, sia come azioni regolatorie che come investimenti propri. L'orientamento degli investimenti pubblici verso la *green economy* potrebbe rappresentare una strada proficua. Essi andrebbero indirizzati, almeno a mio parere, soprattutto verso l'elettrificazione dei trasporti pubblici. Alta velocità ferroviaria, anche su tratte meno importanti, e modello Milano-Firenze; linee metropolitane per le città a carico passeggeri importante (Milano, ma anche Roma e Napoli) e tranvie dedicate per le medie (Firenze, Bologna ecc.).

Uno degli strumenti di cui dispongono gli Stati e l'Unione europea per indirizzare i comportamenti e le spese di famiglie e imprese verso politiche più amichevoli nei confronti dell'ambiente è la leva fiscale: come usarla in modo efficiente e come evitare che essa diventi un'ulteriore occasione di semplice aumento del gettito e quindi della pressione fiscale totale?

La teoria del «fisco ambientale» ha origini abbastanza lontane. Se ne cominciò a discutere negli anni ottanta, con un assunto importante. Che diceva più o meno: anziché tassare lavoro, consumi indifferenziati e utili d'impresa – misure certamente giustificate dalla storia, ma inevitabilmente deprimenti l'attività economica e i consumi –, tassiamo l'uso di risorse ambientali scarse, con l'obiettivo di ridurne il consumo. In questa concezione i due interventi erano complementari l'uno all'altro. Tassiamo l'uso dell'ambiente, ma detassiamo il resto, in modo tale che la pressione fiscale totale non aumenti. L'esordio italiano non è stato brillante. Chiamare «tasse ambientali» la tassa sulla plastica o l'adeguamento delle accise sul gasolio, proposte per coprire i buchi di bilancio, significa solo rendere odiose le tasse ambientali. Secondo il rapporto stilato dal Ministero dell'ambiente, esse pesano già per il 3,5% del Pil! Il che pone l'Italia ai primi posti fra gli Stati dell'Unione europea per questa specifica forma di tassazione. Un calcolo probabilmente sottostimato, visto che un recente studio di Eurostat valuta al 7,8% del totale degli incassi fiscali la percentuale dovuta a imposte ambientali. Tre punti in più, per capirci, di Francia, Germania e due punti in più rispetto alla media europea. Questo perché imposte nate in altre epoche e per ben altri motivi (per fare cassa, come nel caso delle accise sui carburanti), possono essere oggi riclassificate come imposte ambientali. Luigi De Paoli dell'Università Bocconi ha calcolato, usando valutazioni internazionali, che l'accisa sul gasolio è già oggi da tre a dieci volte superiore ai costi ambientali impliciti nel consumo di questo carburante.

E senza considerare che una serie di imposte – gli aumenti sulle bollette energetiche a sostegno delle fonti rinnovabili, che valgono qualche cosa intorno ai 15 miliardi l'anno, almeno un altro punto di Pil – sono state mascherate in altri contesti, nel caso specifico una voce della bolletta elettrica, che le escludono da questi calcoli.

Impostare in modo corretto l'uso del fisco ambientale significa tenere conto di due cose. La prima: la tassa ambientale perfetta, che come tutte le cose perfette non può esistere, è quella che non produce gettito. Perché agisce su un bene ambientalmente dannoso, ma facilmente sostituibile, per cui il consumatore o l'impresa se ne sottraggono assumendo abitudini di consumo o di approvvigionamento più virtuose e magari anche meno costose. Se invece il bene a cui si applica l'imposta non risulta completamente sostituibile o largamente comprimibile, o, ipotesi più concreta, è ancora conveniente dal punto di vista economico nel breve-medio periodo, si produce un gettito fiscale, che non dovrebbe andare ad aumentare la pressione complessiva, ma a coprire la diminuzione della tassazione di altri fattori della produzione, quali capitale e lavoro. È avvenuto qualcosa di simile nel nostro paese? Direi di no. Quando va bene, è il caso dei permessi di emissione CO_2 che alcune imprese pagano in proporzione alle loro emissioni, la tassa viene incamerata e destinata a vari capitoli di bilancio. Decide lo Stato cosa farne, e intanto la pressione fiscale complessiva aumenta.

Per guardare le cose anche da un'altra visuale, in Italia si discute molto delle agevolazioni fiscali o dei sussidi che andrebbero a consumi dannosi. I «sussidi ambientalmente dannosi», secondo la definizione contenuta in un rapporto del Ministero dell'ambiente. Sembrerebbe facile. Ma intanto dobbiamo ricordare che l'eliminazione di un sussidio si traduce in un aumento della pressione fiscale per il soggetto che ne gode. Tanto per ricordare che non esistono pasti gratis, e che anche in questo caso tale aumento dovrebbe essere compensato da una riduzione da qualche altra parte, altrimenti aumenta la pressione fiscale complessiva.

Se poi si entra nel merito delle varie voci censite, si fanno scoperte interessanti. Una delle voci principali è quella relativa al diverso trattamento fiscale delle accise del gasolio rispetto a quelle della benzina. Attenzione. Il gasolio è meno tassato, ma è tassato. E non poco. Quindi non stiamo parlando di agevolazioni, ma di minori tasse. Una cosa un po' diversa. La differenza dipende dal fatto che la benzina ha accise più alte, piuttosto che dal fatto che il gasolio le ha più basse. Ma se il problema è la differenza fra gasolio e benzina, che agevola il gasolio, basterebbe fare una cosa semplice: visto che vi è un divario di circa 10 centesimi sarebbe sufficiente aumentare l'accisa sul gasolio di 5 e diminuire quella sulla benzina di 5, senza alcun aumento dell'imposizione fiscale complessiva. Oppure diminuire di 10 centesimi l'accisa sulla benzina. Ma l'obiettivo non è usare il fisco ambientale per creare convenienze all'uso dei combustibili meno inquinanti. L'obiettivo vero è un altro: fare cassa. Sento già l'obiezione: «cambino l'auto». Certo, ma rimane il fatto che famiglie e imprese pagheranno di più. Fine. Alcune categorie, autotrasportatori e agricoltori, hanno poi speciali agevolazioni quando usano il gasolio per trattori, camion e taxi. Giuste? Sbagliate? Visto che nel loro caso il gasolio rappresenta una materia prima fondamentale, se il costo si uniforma a quello di tutti gli altri lavoratori, o si riducono loro le tasse da un'altra parte o si aumenta la pressione fiscale e sicuramente in molti casi rendiamo impossibile l'attività economica. In questo modo la fiscalità ambientale viene usata strumentalmente, diventa una buona scusa per aumentare le tasse e crea nei confronti dell'ambiente irritazione e rigetto. La protesta dei gilet gialli che ha paralizzato Parigi per settimane partì proprio da lì, dalla proposta di aumentare il costo del gasolio.

Per introdurre una piccola nota di ottimismo, faccio invece il caso di molti taxisti che nelle grandi città sono passati ad auto ibride, cioè ad auto con motori che usano benzina e l'elettricità generata dal funzionamento del motore, raggiungendo percorrenze medie di circa 20 km/litro nelle tratte urbane. Il che dimostra che quando vi è una vera innovazione, che migliora la produttività e abbassa i costi, il cambiamento avviene spontaneamente.

Il Fondo monetario internazionale ha recentemente stimato in 75 dollari (in questi anni quello reale ha oscillato fra i dieci e i trenta) il costo ottimale, che dovrebbe essere imposto sotto forma di tassa a ogni tonnellata di CO_2 prodotta per ottenere cambiamenti virtuosi in direzione della decarbonizzazione. Questo comporterebbe un aumento vicino al 50% del costo del gas e del 18% dell'elettricità per i consumatori finali italiani. Una stangata per le famiglie e per le imprese, che già lamentano il livello dei costi energetici. Sarebbe solo del 9% per la benzina, per la ragione esposta poco sopra: le accise sono già alte. Ma se il considerevole incremento delle entrate dello Stato che ne deriverebbe (in Italia parliamo di circa 400 milioni di tonnellate e quindi di 30 miliardi di dollari totali) fosse interamente riversato come diminuzione delle tasse sui redditi, forse si potrebbe proporre un patto serio agli italiani (e agli europei), ma in modo trasparente e senza trucchi. Fra l'altro, ne risulterebbero penalizzati gli evasori, che si troverebbero senza tasse da ridurre. Quando la tassa avrà manifestato tutti i suoi effetti positivi, provocando la conversione del bene tassato in un altro meno impattante, perché questo deve essere lo scopo, ci sarà sempre modo per ricostruire altrimenti il gettito fiscale.

C'è poi un altro rischio da evitare. La concorrenza sleale o il *dumping* ambientale. Se la tassa non viene applicata in modo omogeneo in tutto il mondo, e produrre certi beni in Europa diviene troppo costoso a causa delle nuove imposizioni, diventa conveniente importare quei beni da altri paesi o delocalizzare gli impianti. Ci lamentiamo per il continuo aumento delle emissioni cinesi, ma ci dimentichiamo di dire che esse sono l'altra faccia dei miglioramenti avuti in Europa e negli Usa. Abbiamo trasferito da loro le manifatture a più alto contenuto di CO_2. Con il risultato di produrne la stessa quantità, ma altrove.

Ma torniamo in Italia ed esaminiamo altri casi di tassazione/incentivazione ambientale. «Noi siamo per gli incentivi e non per le tasse», ripetono spesso esponenti politici di vari schieramenti. Intanto dimenticano che un incentivo è sempre una penalizzazione per chi non lo può ricevere, e quindi corrisponde a una tassa implicita. Da un punto di vista macro, tassare un bene per scoraggiarne l'uso o incentivarne un altro per favorirlo, dovrebbe essere la stessa cosa. Nel primo caso creo un vantaggio per i beni dello stesso settore non tassati. Se tasso la plastica non riciclabile favorisco quella riciclabile. Viceversa, se premio la plastica riciclabile le do un vantaggio competitivo che penalizza quella non riciclabile. Dal punto di vista dello Stato le cose invece cambiano. Perché nel primo caso ottengo un gettito aggiuntivo che posso usare, mentre nel secondo dovrò mettere a carico dello Stato ulteriori spese. Un esempio molto importante è quello relativo alla tassazione della CO_2. Se la tassa è sufficientemente alta i combustibili fossili tradizionali, carbone in primo luogo, non risultano più competitivi ed escono dal mercato. A favore di rinnovabili e di impianti alimentati a gas. Inoltre, vi è un gettito aggiuntivo per gli Stati.

Certo la parola «incentivi» appare più desiderabile e meno odiosa della parola «tasse» per una semplice ragione: con gli incentivi la spesa è tutta a carico dello Stato. Ma per il *tax payer* le cose cambiano poco. O paga di più un bene o si trova con un debito statale aggiuntivo. Per continuare l'esempio sulla CO_2, in tutti e due i casi provoco un aumento del costo l'energia.

O perché metto fuori gioco combustibili meno cari o perché carico da qualche parte, tassazione generale e/o imposte di scopo, il costo degli incentivi.

GLI INCENTIVI ALLE RINNOVABILI: COME SPRECARE QUATTRINI

Capisco che tutto ciò possa apparire buono e giusto. Ad esempio, dare incentivi alle fonti rinnovabili. Ma qualche cautela dovrebbe essere necessaria. Se guardiamo la bolletta elettrica italiana, vediamo che ormai circa il 50% della stessa è costituito da oneri che hanno relativamente poco a che fare con la fornitura di energia e la maggior parte di essa è costituita dal peso degli incentivi, che vengono pagati da tutti i consumatori. Dal punto di vista della correttezza fiscale non è una gran cosa. Per due motivi. In primo luogo, perché l'utente paga sulla base dei suoi consumi elettrici e non è detto che questo sia giustificato. La parrucchiera al piano terra che usa dieci caschi pagherà probabilmente molte volte di più del notaio che sta al primo piano, nonostante la differenza di reddito. In secondo luogo, perché sto introducendo un'ulteriore tassa regressiva, che pesa, in proporzione, molto più per i redditi più bassi.

Se guardiamo al passato, la grande mole di incentivi concessi alle rinnovabili in Italia ha certo prodotto un boom degli investimenti in quel settore, ma con alcune conseguenze molto negative. Innanzitutto, come già detto, l'aggravio delle bollette, dove il finanziamento alle rinnovabili pesa per alcune decine di punti percentuali e in modo regressivo. In secondo luogo, in presenza di una debolezza dei produttori non solo italiani, ma europei, abbiamo finanziato massicciamente l'importazione di tecnologie cinesi (i primi dieci produttori di pannelli solari al mondo sono cinesi). In terzo luogo, abbiamo favorito la finanziarizzazione del settore, con una forte presenza di fondi che investono in base a flussi di cassa certi, garantiti dagli incentivi, espellendo la componente di rischio dalle attività energetiche. In quarto luogo, abbiamo finanziato impianti che oggi costano un quarto rispetto al momento in cui sono stati concessi gli incentivi. In Italia gli impianti fotovoltaici sono alcune centinaia di migliaia, dal più piccolo (di pochi chilowatt) che magari abbiamo sul tetto di casa, a quelli di centinaia di megawatt realizzati a terra. Ma se si esamina chi percepisce la parte maggiore degli incentivi troviamo i grandi fondi di investimento che hanno via via consolidato il settore. Niente di male per carità, ma lasciamo perdere per favore il carattere «democratico» dell'energia fotovoltaica. Recentemente è scoppiata una durissima polemica fra gli ambientalisti «ortodossi» americani e il regista Michael Moore, esponente del radicalismo Usa, che ha accusato l'energia fotovoltaica di essere l'occasione di enormi guadagni per le multinazionali americane.

Resta il fatto che l'Italia si è caricata sulle spalle circa 250 miliardi totali di incentivi. Una somma enorme, superiore a tutti i fondi previsti dal Recovery Plan europeo, che avrebbe potuto essere spesa in ben altro modo se l'obiettivo era quello di limitare la CO_2 totale. Il costo di riduzione grazie alle rinnovabili è di circa 300-350 euro a tonnellata, contro un prezzo di mercato della CO_2 che in questi anni è stato fra i dieci e i trenta euro. Almeno dieci volte tanto. Si incentivano inoltre, in modo irrazionale, operazioni che hanno un'efficacia molto diversa nella loro capacità di ridurre la CO_2. Nelle rinnovabili si incentivano allo stesso modo impianti che hanno costi per tonnellata di CO_2 ridotta fra loro diversi anche di due o tre volte.

Se avessimo fatto un ragionamento più lineare, e ci fossimo posti l'obiettivo di allocare questa rilevante somma in modo da ridurre la maggiore quantità di CO_2 possibile partendo dalle operazioni più convenienti, saremmo approdati a risultati completamente diversi. Recentemente Carlo Stagnaro, dell'Istituto Bruno Leoni, ha proposto di riconsiderare completamente l'incentivo alle rinnovabili rendendolo proporzionale alla quantità di CO_2 risparmiata e al valore dei certificati associati alla CO_2. Mi dimostri che elimini una certa quantità e ti corrispondo un certo numero di certificati. Semplice ed efficace.

Gli incentivi vanno quindi maneggiati con grande cura, sia per gli aggravi che comportano, sia per le distorsioni che determinano permanentemente nelle regole di mercato. Possono essere accettati in modo ragionevole quale sostegno a innovazioni tecnologiche veramente *disruptive*, ma non devono diventare droghe di sistema. Con l'equivalente di ciò che paghiamo oggi in Italia per le rinnovabili (circa 15 miliardi di euro l'anno) avremmo potuto realizzare, ammesso che ne fossimo capaci, due linee di alta velocità ferroviaria ogni anno, cinque linee di metropolitane pesanti ogni anno, una decina di tranvie medie ogni anno. Praticamente avremmo potuto rifare completamente il trasporto pubblico nazionale e locale. Oppure avremmo potuto eliminare con la spesa di un solo anno tutte le centrali a carbone. Visto che ci lamentiamo sempre dei pochi soldi investiti in ricerca, pensiamo a cosa avrebbe potuto significare destinarvi anche solo una modesta parte di quei quattrini. I programmi di ricerca più impegnativi a livello europeo, che sono dedicati uno al grafene e l'altro allo sviluppo delle batterie, cubano 1,5 miliardi di euro ciascuno. Un quindicesimo degli incentivi annui elargiti dal nostro paese.

Un altro esempio delle difficoltà a usare in modo efficace la tassazione ambientale lo ritroviamo nella discussione sulla tassa sulla plastica. Che cosa c'è di più ovvio che tassare l'odiata plastica? Vogliamo essere tutti *plastic free*! Siccome la plastica, anzi le mille fibre con cui realizziamo migliaia di oggetti utilissimi, non possono essere abolite, sono cominciati i distinguo. Non è giusto, ha fatto osservare qualcuno, tassare allo stesso modo la plastica non riciclabile e quella riciclabile. Corretto. E che facciamo con le plastiche biodegradabili? Inoltre, per loro natura e per tipologia di utilizzo alcune plastiche non possono essere né riciclabili, né biodegradabili. Corretto anche questo. Allora tassiamo solo l'usa e getta. Già, ma fra l'usa e getta ci sono le siringhe monouso, gli assorbenti, i blister dei medicinali, e adesso guanti e mascherine, oltre a numerose altre cose utili. Capito, allora andiamo sugli imballaggi, che servono solo per fare marketing. Già, solo che in molti casi rappresentano un'utilissima protezione (ad esempio per i prodotti alimentari), soprattutto di questi tempi, e poi in questo modo corriamo il rischio di produrre un aumento del costo di prodotti essenziali, con un'altra indiretta e regressiva.

Maneggiare tasse e incentivi è quindi questione molto delicata e con effetti spesso indesiderati. Un altro caso in cui le buone intenzioni non sono sufficienti a giustificare risultati scarsi o addirittura negativi. Posso solo offrire due criteri che dovrebbero essere rispettati. In primo luogo, tenere sempre presente che l'obiettivo dovrebbe essere quello della riduzione della CO_2 in modo efficiente ed efficace. Vale a dire «al minor costo possibile». Secondo, ricordarsi che non esistono pasti gratis. Un bell'incentivo fa sempre piacere. Ma poi il conto qualcuno lo deve pagare.

LA POVERTÀ È IL PRINCIPALE NEMICO DELL'AMBIENTE

È davvero inconciliabile l'attuale modello di sviluppo con il mantenimento di equilibri ecologici che assicurino la sopravvivenza delle nostre civiltà, così come le conosciamo? Qualche grado in più nelle temperature terrestri può effettivamente portare a cambiamenti importanti in varie aree del mondo. Distribuzione della popolazione, tasso demografico, siccità, innalzamento dei mari, migrazioni, rischi per la crescita economica. Tutti fenomeni che ci spaventano, ma che non hanno a che fare con la sopravvivenza della specie. La quale è quasi sicuramente destinata a sopravvivere anche in presenza di forti sconvolgimenti. La nostra preoccupazione ha quindi un duplice aspetto. Da una parte, è critica nei confronti del presente e di un rapporto squilibrato fra specie umana e ambiente; dall'altra ha una posizione «conservatrice». Che tutto sommato vorrebbe che le cose rimanessero così come stanno senza troppi sconvolgimenti. Che cambiassero quel tanto necessario a riportare le cose in equilibrio. Con l'implicito riconoscimento che fino a oggi vi è stato un determinato equilibrio ecologico che ha garantito il diffondersi della specie umana. Non mi pare, in altri termini, che vi siano posizioni, se non in settori ultraminoritari, che richiedano una drastica riduzione della popolazione o un drammatico ridimensionamento della ricchezza prodotta per assicurare l'equilibrio ecologico. Fra l'altro sarebbe un controsenso. Se per evitare le conseguenze negative di un eccessivo impatto ambientale, che potrebbe avere ricadute pesanti sulla popolazione, anticipassimo queste ricadute volontariamente non si capisce dove sarebbe il guadagno. Prevale piuttosto l'idea che il nuovo corso dovrebbe riportare l'equilibrio fra uomo e ambiente, preservando e anzi migliorando al tempo stesso il benessere complessivo. Questione ambientale e questione sociale devono quindi marciare insieme. Le misure da intraprendere possono avere successo solo se assicurano contemporaneamente questo duplice obiettivo, distribuendo in modo equo sia i sacrifici che i vantaggi.

Per approfondire e fare chiarezza dobbiamo risalire un poco la storia umana e quella dei suoi rapporti con l'ambiente. È uno specifico regime politico-economico ad avere determinato la situazione presente? La risposta è no. Per vari motivi. Innanzitutto, perché è praticamente dalla fine del periodo in cui la specie umana era quasi esclusivamente nomade e si nutriva dei prodotti della raccolta casuale di frutti spontanei e di caccia con strumenti primordiali, e poi nella ricerca di terreni coltivabili con pratiche inevitabilmente estensive, che la specie umana «sfrutta» le risorse naturali per sopravvivere.

Si calcola che circa due terzi delle risorse forestali disponibili siano state distrutte, o, meglio, utilizzate già prima della rivoluzione industriale e dell'economia capitalistica. Né potrebbe essere diversamente. Ogni specie animale usa le risorse ambientali a sua disposizione per nutrirsi e proteggersi. Dipendendo da esse, soffre i *feedback* negativi che si determinano quando per varie ragioni scarseggiano. Questo avviene normalmente per le specie viventi che si trovano ad affrontare carenze di cibo. Spesso si sente chiedere se vi sarà disponibilità di cibo per una popolazione mondiale che continua a crescere. In questa domanda si scambia la causa con l'effetto. Se non vi è disponibilità di cibo, almeno una minima disponibilità, la popolazione, ogni popolazione – non solo quella umana, ma anche quelle di animali e vegetali –, non cresce e anzi tende a ridursi. Barry Commoner, uno dei padri dell'ecologia moderna, aveva l'abitudine di fare l'esempio delle linci e dei conigli per spiegare questo meccanismo e gli effetti retroattivi (*feedback*) causati da modifiche negli ecosistemi. Le linci predano i conigli. Se il numero delle linci è troppo alto causa una diminuzione del numero di conigli. Ma la diminuzione del numero di conigli provoca una carenza di cibo per le linci, che quindi cominciano a loro volta a diminuire. Questo dà respiro ai conigli che riprendono ad aumentare. Con la popolazione di conigli in crescita si ricostituisce la riserva di cibo per le linci, che riprendono a loro volta ad aumentare di numero. E così via, in una dinamica tipica di ogni ecosistema, in cui ogni cambiamento retroagisce sugli altri fattori ambientali riproducendo condizioni di equilibrio. È accaduto anche su grande scala e nella storia del pianeta Terra si contano almeno cinque grandi estinzioni, che hanno portato alla scomparsa (fino al 90%) delle specie viventi.

L'uomo è comparso molto dopo e non può quindi essere in alcun modo incolpato di queste estinzioni. Le cause sono state di vario tipo e tutte di origine naturale.

Ciò che distingue la specie umana dalle altre specie, o, meglio, ciò che l'ha contraddistinta fino a oggi, nel breve periodo della sua esistenza (pochi milioni di anni a stare larghi, di cui solo gli ultimi quindicimila stanziali, contro una storia planetaria di circa 4,5 miliardi di anni), è la capacità di assorbire e reagire agli shock di portata tutto considerato limitata – evidentemente non ha mai dovuto affrontare se non su piccola scala eventi catastrofici di quella natura –, e anzi di continuare a crescere e migliorare il tenore di vita grazie alle sue caratteristiche specifiche (intelligenza, memoria, capacità predittiva, accumulo di conoscenze, cooperazione sociale, abilità tecnica ecc.) e alla disponibilità di un set di tecnologie che l'hanno protetta dalle minacce naturali. Basti pensare al ruolo dei farmaci e della medicina, che fra le molte altre cose hanno abbattuto drasticamente il tasso di mortalità infantile – fino a non molto decenni or sono partorire comportava un rischio enorme per la madre e per il neonato, le infezioni erano all'ordine del giorno –, e allungato la durata media della vita.

Se analizziamo il rapporto fra l'uomo e la natura, fra la specie umana e l'insieme delle risorse ambientali, vediamo che il fattore che determina i cambiamenti importanti è quasi sempre lo sviluppo tecnologico.

I diversi sistemi politici e sociali hanno la loro importanza nel gestire questi cambiamenti. Possono accelerarli, frenarli, incentivarli o reprimerli. Ma alla fine se il cambiamento tecnologico è positivo esso si afferma in maniera pervasiva.

Cosa intendo per cambiamento tecnologico positivo? Risposta complessa, ma anche molto semplice. La specie umana persegue da sempre modelli di produzione e di vita sociale che accrescano il suo benessere, la speranza di vita, le relazioni sociali, la conoscenza. La comprensione dei meccanismi della natura e la nascita delle scienze moderne (fisica, chimica, biologia, meccanica, elettronica ecc.) hanno dato un contributo enorme. I regimi politici sopravvivono se sono in grado di recepire e assecondare questi miglioramenti, che finiscono per essere pervasivi. O si rinchiudono, ma finiscono per perire o per rappresentare eccezioni insopportabili. L'ultima generazione di tecnologie (quelle legate a Internet in tutte le possibili derivazioni), in particolare, ha impiegato pochissimo tempo per raggiungere anche gli angoli più sperduti del globo. Oggi nel mondo tutti usano più o meno tutte le tecnologie disponibili, le stesse in ogni parte del mondo, e la loro diffusione trova una limitazione solo nelle disponibilità di capitali e di reddito, con qualche ulteriore eccezione censoria o dittatoriale.

Il salto fondamentale è avvenuto con varie e successive rivoluzioni industriali. La prima nella seconda metà del Settecento con l'invenzione della forza vapore, che rese possibile avere a disposizione un'energia enormemente superiore a quella fino ad allora disponibile, vale a dire essenzialmente la forza lavoro muscolare di uomini e animali. Con l'unica eccezione dei rudimentali mulini ad acqua e a vento. Inoltre la nuova fonte energetica, al contrario dei mulini, era perfettamente programmabile, cioè disponibile quando ve n'era bisogno e non in modo intermittente. È interessante notare che il primo combustibile usato per produrre la forza vapore è stato la legna. Paradossalmente, si faceva vapore con un combustibile «rinnovabile», il cui uso fu poi vietato per evitare una drastica deforestazione dell'Inghilterra. E questo grazie alla disponibilità di carbone, usato come alternativa per alimentare le macchine a vapore, che rapidamente trasformarono interi settori economici.

La seconda rivoluzione industriale, nella seconda metà dell'Ottocento, moltiplica ulteriormente l'energia utilizzabile e le sue applicazioni grazie all'elettricità, all'uso del petrolio e alla chimica associata. Aggiungiamoci i progressi enormi nel campo della medicina, in particolare la riduzione delle infezioni grazie agli antibiotici e alle vaccinazioni. Tutto ciò ha prodotto un'accelerazione fortissima nel miglioramento delle condizioni di vita e conseguentemente un aumento della popolazione senza precedenti. Eravamo circa centosessanta milioni alla nascita di Cristo, circa cinquecento milioni nel 1500, un miliardo nel 1800, un miliardo e mezzo nel 1900, due miliardi nel dopoguerra, quattro miliardi nel 1975, sette miliardi e mezzo al giorno d'oggi. La combinazione fra crescita della popolazione e crescita del Pil totale e pro capite, due fenomeni che si sono influenzati vicendevolmente, hanno determinato un aumento dell'impatto ambientale.

Immaginiamo però, in un esperimento mentale paradossale, che l'umanità si trovasse all'attuale soglia demografica in uno stadio di civilizzazione antecedente alla rivoluzione industriale. Cioè in uno stadio in cui i beni necessari alla vita provenissero fondamentalmente dall'agricoltura estensiva e dallo sfruttamento di materie prime di origine naturale. Prima del carbone, del petrolio e delle macchine. L'impatto ambientale di una popolazione siffatta sarebbe stato spaventoso.

Come ho ricordato sopra, si calcola che i due terzi delle risorse forestali mondiali siano stati utilizzati prima della rivoluzione industriale. Oggi ci preoccupiamo giustamente del progressivo consumo delle foreste pluviali come quella amazzonica, ma i nostri antenati dipendevano in modo pressoché totale da risorse di questo genere. La pianura padana, ad esempio, era ricoperta di foreste, utilizzate nei secoli come fonte di materia prima per ogni tipo di costruzione. Soprattutto, la necessità di ricavare terreni coltivabili per un'agricoltura a bassissima produttività per ettaro e a conseguente dispersione della popolazione su un'enorme superficie (prima della cosiddetta «rivoluzione verde», che ha portato nelle campagne tutti i benefici della rivoluzione industriale, vale a dire meccanizzazione, fertilizzanti e antiparassitari) avrebbe condotto alla colonizzazione distruttiva di ogni angolo del nostro pianeta. Questo metodo, chiamato *slash and burn*, taglia e brucia, era essenziale per recuperare terreni per l'agricoltura e per la pastorizia. Tecnica, sia detto fra parentesi, ancora in uso nel secondo dopoguerra in alcune regioni italiane a prevalente attività pastorizia.

Oggi più del 50% della popolazione mondiale vive in ambito urbano, occupando una piccola percentuale del terreno disponibile. Se non fosse avvenuto questo cambiamento, la devastazione ambientale sarebbe stata continua e senza ritorno.

Si tratta evidentemente di un paradosso. Prima delle varie rivoluzioni tecnologiche la popolazione umana cresceva molto poco proprio per la scarsità di cibo e di materie prime, per l'effetto devastante delle epidemie e della mancanza di protezione rispetto a diversi cataclismi naturali. Ciò che ha reso possibile la crescita così ampia e consistente della popolazione mondiale è stato un fenomeno inverso. Vale a dire *la capacità di produrre sempre più ricchezza con un minor utilizzo proporzionale di risorse naturali*. Abbiamo, in altre parole, già assistito e stiamo tuttora assistendo a un *fortissimo disaccoppiamento fra crescita del Pil e consumo di risorse*.

Le conseguenze positive di questi continui salti tecnologici sono state fondamentalmente due: la crescita della popolazione fino ai 7,5 miliardi di persone oggi presenti sulla Terra e la crescita della ricchezza disponibile. Cominciamo con il dire che si è trattato di cambiamenti formidabili e positivi. Il mondo di oggi è migliore, e di molto, del mondo dei secoli passati.

Migliore? Qualcuno sarà pronto a obiettare che «si stava meglio quando si stava peggio». Difficile discutere di sensazioni o di stati psicologici. Ognuno può essere infelice a modo suo. Ma se ricerchiamo un minimo di obiettività e qualche certezza, possiamo consultare i dati Onu relativi all'Indice di sviluppo umano, che prende in considerazione non solo il Pil pro capite, ma anche altri indicatori come l'aspettativa di vita media e i livelli di educazione. Altri studi includono ulteriori fattori, come il tasso di mortalità infantile, le possibilità di comunicare grazie alle nuove tecnologie, il tasso di violenza sociale sia dovuta a guerre che ad altre cause.

Tutti questi indici sono da tempo in miglioramento, e forse il più importante è quello relativo alla povertà assoluta, che si è drasticamente ridotta al 15% della popolazione mondiale, contro il 50% di solo un secolo fa. Attenzione: il 15% di 7,5 miliardi contro il 50% di due miliardi scarsi. Vi è poi la grande questione delle disuguaglianze, sia quelle reali che quelle percepite. Questione assai complessa e che ci porterebbe molto lontano. Per il momento, ai fini del nostro discorso limitiamoci a dire che i salti tecnologici verificatisi negli ultimi tre secoli hanno avuto finora conseguenze positive per la specie umana, che è cresciuta e continua a crescere. E che sta meglio.

Crescita del Pil, crescita della popolazione, uso di tecnologie basate su combustibili ad alto tasso di carbonio, sono quindi alla base dei problemi ambientali. Su quali di questi tre fattori, Pil, popolazione, tecnologie, possiamo agire per modificare la situazione? Una corrente culturale profonda, che ha molto influenzato il pensiero ambientalista, insiste sin dagli anni settanta sull'insostenibilità della crescita economica e sulla necessità di limitarla, sia dal punto di vista della crescita della popolazione sia da quello della crescita economica. Ad esempio il rapporto del Club di Roma, un gruppo di studiosi di varie discipline, riunitosi a Roma sotto la guida di Aurelio Peccei, pubblicato in Italia nel 1972 con il titolo *I limiti dello sviluppo*, ha segnato una svolta che ha influenzato il dibattito pubblico per i decenni successivi. È stato fatto proprio soprattutto da una parte della cultura ambientalista, ma si è incrociato con le problematiche dello sviluppo economico, della crescita e della sua qualità. Anche da lì è nato il concetto di «sviluppo sostenibile», diventato ormai quasi un mantra di ogni ragionamento sul futuro delle nostre società e delle nostre economie.

Quali sono i nuovi concetti elaborati da quel rapporto? In poche parole, attraverso proiezioni e l'uso, allora innovativo, di modelli matematici computerizzati (gli autori erano alcuni ricercatori del Mit), il rapporto preconizzava diversi punti di rottura e di non sostenibilità dovuti a un conflitto destinato a esplodere drammaticamente fra il tasso di consumo di alcune risorse fondamentali, ivi comprese le risorse ambientali, e l'andamento economico e demografico. Si fece allora subito riferimento a una riproposizione delle idee di Malthus, il primo fra gli economisti classici, per puntare il dito sulla presunta inconciliabilità dell'andamento demografico, continuamente in crescita, e la scarsità delle risorse naturali, soprattutto quelle alimentari. Crisi sociali dovute alla penuria di cibo venivano immaginate dietro l'angolo della non lontana storia futura. Da questo concetto, apparentemente semplice e intuitivo, ma fondato su presupposti erronei, sono scaturite idee di ogni tipo che hanno toccato e influenzato vari aspetti del dibattito pubblico. Ad esso hanno anche attinto i teorici della decrescita, per i quali non sarebbe bastato rallentare o modificare nella sua composizione il tasso di crescita dell'economia, ma occorreva proprio arrestarlo e invertirlo.

Sono sorti infine anche diverse filosofie, tendenze culturali, comportamenti collettivi che hanno assunto quella di «limite» come idea guida a cui attenersi. Se la penuria è alle porte, se il mondo può collassare in un arco di tempo limitato, occorre anche modificare i propri comportamenti personali, in una direzione più frugale e austera.

In questo modo calava sul mondo occidentale un gigantesco senso di colpa, da cui non ci siamo più riavuti. Ciascuno lo ha naturalmente declinato a modo suo, e l'elenco dei movimenti e dei gruppi in cerca di una facile espiazione sarebbe lunghissimo. Risparmiare, conservare, non sprecare sono divenute idee ispiratrici di movimenti politici, ma anche di mode, tic culturali e, perché no, anche di nuove nicchie di mercato. Ma nel frattempo il mondo ha continuato a crescere.

Chi volesse confrontare il mondo degli anni settanta con quello di oggi, le grandezze relative in termini di popolazione, Pil, risorse consumate, farebbe persino fatica a rendere paragonabili i fattori in campo. Diciamo che il mondo è, grosso modo, raddoppiato. Sono raddoppiate la popolazione e la ricchezza prodotta (a parità di potere d'acquisto), nonostante il pianeta sia sempre quello. È evidente che la popolazione umana non avrebbe mai potuto raddoppiare dal 1970 a oggi se non ci fosse stata la disponibilità di cibo e di risorse necessarie. L'uomo si distingue per molte cose dalle altre specie animali, ma su una è uguale a loro: se non può disporre di un numero adeguato di calorie la sua vita non è semplicemente possibile. Poi c'è chi è obeso e chi soffre la fame, ma in termini generali la grandezza di una popolazione, qualsiasi popolazione vivente, è una funzione delle risorse alimentari utilizzabili. E viceversa. Il ragionamento sull'andamento della popolazione umana, i cui tassi di crescita viaggiano comunque verso la stabilizzazione, andrebbe quindi rovesciato. Solo la disponibilità di cibo consente la crescita di una determinata popolazione. E negli ultimi cinquant'anni la disponibilità di cibo è continuata a incrementare. Grazie soprattutto all'aumento della produttività dei terreni agricoli conseguente alla meccanizzazione e alle nuove tecniche agronomiche utilizzate. In molte parti del mondo, tra cui l'Italia e l'Europa, abbiamo anzi assistito a una diminuzione dell'estensione delle terre coltivate e a una crescita delle aree boschive e contemporaneamente a un aumento della produzione.

Stesso discorso può essere fatto per le materie prime. A cominciare da quelle fondamentali, che assicurano il rifornimento energetico alla specie umana. Nel 1985 i combustibili fossili, carbone, petrolio e gas, assicuravano l'81% del fabbisogno energetico totale. Trent'anni dopo, nel 2015, la percentuale è esattamente la stessa. Nel frattempo i consumi energetici sono aumentati di più del 70% e quindi le quantità totali utilizzate sono enormemente cresciute. Fino alla recente recessione economica provocata dal coronavirus i consumi di petrolio, soprattutto per l'uso che ne fa il settore dei trasporti e quello chimico-farmaceutico, continuavano a crescere. Oggi la situazione è molto più incerta, ma il drammatico calo dei prezzi dell'oro nero a cui abbiamo assistito deriva da un eccesso di offerta, non certo da una penuria dello stesso, che avrebbe casomai l'effetto opposto.

Ciò che il rapporto del Club di Roma sottovalutava era, ancora una volta, il miglioramento tecnologico che nel frattempo si è verificato e che ha reso assai discutibile e impreciso il concetto di limite. Non si è verificato alcun crollo demografico a causa della mancanza di cibo. Non si è verificata alcuna penuria di materie prime, sia a causa di migliori tecniche di estrazione delle stesse, vedi il caso degli *shale gas* e *oil* americani, che hanno fatto di questo paese il primo produttore mondiale, sia per la capacità di sostituire materie prime scarse con altre più abbondanti, anche di origine sintetica.

CRISI ECONOMICA O CRISI AMBIENTALE?

Ma è percorribile la strada di una drastica limitazione o addirittura di un'inversione di marcia della crescita economica come antidoto ai problemi ambientali che dobbiamo affrontare?

Proprio le recessioni di questi anni, prima quella del 2007-2013 e poi quella del 2020 ci hanno, diciamo così, consentito di verificare sul campo le conseguenze disastrose della decrescita, o, meglio, di una recessione economica prolungata. Per una semplice ragione: le recessioni hanno effetti devastanti sul tessuto sociale, creano milioni di disoccupati, aumentano la povertà e riducono la coesione sociale, favorendo invece l'emergere di ogni sorta di populismo rivendicativo. Qualcuno forse può gioire (è quello che in effetti è successo) per qualche miglioramento ambientale conseguente al rallentamento delle attività economiche e della mobilità. Ma se il mondo riprende a crescere la situazione *ex ante* si ripristina in breve tempo, come è successo dopo la crisi del 2007-2013. E se questo non succede le preoccupazioni ambientali passano in secondo piano, messe fuori scena da pressanti preoccupazioni economiche.

Una lezione che dovremmo avere imparato è che non vi sono soluzioni ai problemi ambientali se essi non incorporano anche i problemi della crescita economica e quindi quelli della coesione sociale. Trump o Bolsonaro, presidenti di due Stati economicamente e demograficamente importanti come Usa e Brasile, hanno fatto proprio leva anche sulle rivendicazioni di categorie sociali che vedono le preoccupazioni ambientali come una minaccia al loro lavoro e al loro status. *La povertà è quindi il primo nemico dell'ambiente.* Nel 1972 Indira Ghandi ha pronunciato per prima questa frase, in una forma un po' diversa ma uguale nella sostanza: «Poverty is the greatest polluter».

Anche agire sulla popolazione è una prospettiva incerta e in certe condizioni ingiusta. Siamo troppi? Ci sarebbe da decidere chi sono quelli in eccesso. Io, voi, loro? Un po' come quando salite su un treno affollato. Vi lamentate e pensate che l'affollamento è colpa degli altri. Come abbiamo visto in passato vi sono stati diversi agenti «regolatori» della popolazione. Epidemie catastrofiche, guerre (quasi cento milioni di morti fra militari e civili nella seconda guerra mondiale, un buon 5% della popolazione di allora), carestie. E mortalità infantile elevatissima. Oggi le guerre, ancora numerose, hanno una percentuale di vittime largamente inferiore a quella delle due guerre mondiali, le epidemie, almeno fino a oggi, riusciamo a tenerle sotto controllo, e le carestie hanno prevalentemente carattere temporaneo e locale, spesso mitigate dagli aiuti internazionali. Secondo l'Oms, la mortalità infantile è scesa dai 12,6 milioni di morti entro i primi cinque anni di vita del 1990 ai 5,4 milioni del 2017. Più che dimezzata, e con una popolazione crescente. In assenza di meccanismi selettivi, e con l'ausilio della medicina, la popolazione umana si è moltiplicata nel secondo dopoguerra e credo che questo sia da considerare un successo indiscutibile.

Certo, si può ragionevolmente parlare invece di sovrappopolazione in quelle situazioni in cui il numero di nuovi nati supera le condizioni ambientali che ne consentono la dignitosa sopravvivenza, ed è ancora la selezione naturale e sociale ad agire da modesto regolatore. Se si scorre la tabella della mortalità infantile, ma anche quella della mortalità in generale, non si resta certo stupiti dal constatare un rapporto quasi diretto fra Pil pro capite e tassi di mortalità. Con paesi come Afghanistan e Niger da un lato, e altri come Giappone e Singapore dall'altro. Una correlazione diretta la possiamo nuovamente ritrovare fra tasso di natalità e Pil pro capite. Con nazioni come Niger e Afghanistan in testa alla classifica per numero di nati in rapporto alla popolazione e altri, come Italia, Germania e Giappone, in coda. Un paradosso apparente: i paesi più ricchi e con più risorse fanno meno figli mentre quelli più poveri hanno tassi di fertilità e di mortalità ancora molto alti.

Anzi, per paesi come Italia, Giappone e vari altri il tasso di natalità è ormai stabilmente negativo. Il numero dei morti supera cioè quello dei nuovi nati, e la popolazione originaria tende a decrescere. Compensata da immigrazioni che occupano i posti di lavoro lasciati liberi dai residenti.

Ma in tutti i casi, sia che si esamini il tasso di natalità o quello di mortalità infantile o quello di crescita demografica assoluta, ancora una volta il risultato è lo stesso. Le condizioni demografiche peggiori si accompagnano ai maggiori livelli di povertà. Per fattori strutturali profondi e soprattutto per la mancanza di una cultura che consenta di prevenire le nascite indesiderate. Anche per un diverso valore attribuito alla vita umana, o, meglio, al considerare scontato che sia la selezione naturale ad agire da regolatore della prole. Una situazione in fondo non molto diversa da quella ancora presente nelle famiglie italiane fino al secondo dopoguerra.

A mano a mano che aumentano il livello di benessere, l'inurbazione e l'abbandono delle attività agricole, le coppie tendono a programmare il numero dei figli, anche per ragioni economiche, sociali e culturali. Non ultimo, il desiderio di garantire ai nuovi nati condizioni economiche e un'educazione accettabili. Ancora, quindi, la crescita economica appare la condizione essenziale, anche per la stabilizzazione della popolazione mondiale.

La decrescita e la povertà sono i veri nemici da combattere. Ed è necessario incorporare nella soluzione dei problemi ambientali anche la soluzione dei problemi sociali. Spesso, invece, correnti elitarie del pensiero ambientalista, talvolta francamente regressive, hanno generato ideologie che producono risultati esattamente opposti, provocando fastidio e opposizioni nei confronti delle soluzioni proposte, spesso impraticabili.

FARE DI PIÙ CON MENO

Dovremmo avere più fiducia nel futuro e in noi stessi. Nella nostra specie. Rimuovendo prima di tutto dal nostro orizzonte quel catastrofismo pessimista che ci impedisce di decidere razionalmente, e ci fa inseguire soluzioni propagandistiche, e placebo per i nostri sensi di colpa. I tempi di nascita e di propagazione delle innovazioni tecnologiche si stanno sempre più accorciando e stanno incorporando la sostenibilità ambientale e un basso consumo di risorse naturali. Abbiamo a disposizione un set di tecnologie potentissime che potrebbero nell'arco di qualche decennio modificare profondamente i nostri assetti produttivi e la nostra vita sociale. Un mix di innovazioni nate in parte come miglioramento di specifiche attività produttive e in misura ancora più rilevante come sviluppo autonomo e continuo della rivoluzione informatica.

Insieme potrebbero portarci a realizzare un salto decisivo in quella che molti ritengono la strada maestra della sostenibilità ambientale: *il disaccoppiamento fra crescita economica, miglioramento del benessere e consumo di risorse naturali.* Già oggi consumiamo in proporzione alla ricchezza prodotta molte meno risorse naturali rispetto alle civiltà preindustriali. Ma possiamo fare molto meglio. Come recita il titolo di un fortunato libro di Andrew McAfee, soprattutto, possiamo fare *Di più con meno.*

Proviamo a spiegarci. Il primo grande capitolo s'intitola «intelligenza artificiale». Che c'entra con l'ambiente? L'Ai (*Artificial Intelligence*) può essere definita come un enorme potenziamento delle capacità dell'intelligenza umana grazie a diverse tecnologie informatiche, e in grado di farci vedere, monitorare, gestire e migliorare realtà rispetto alle quali siamo stati e siamo ancora parzialmente ciechi. E la cecità comporta risposte sbagliate, perdita di tempo e soprattutto spreco di risorse.

L'automobilista è cieco rispetto alle condizioni generali del traffico fino a quando un navigatore intelligente non gli fa vedere le condizioni al contorno. E quindi scegliere il percorso che gli fa risparmiare tempo e benzina. L'agricoltore alza gli occhi al cielo sperando di azzeccare le condizioni meteorologiche giuste per seminare, fertilizzare, curare e poi raccogliere. Spesso sbaglia e spreca tempo, soldi e risorse. Il collaboratore di un'azienda è costretto a recarsi al lavoro ogni giorno con spreco di tempo e risorse fino a quando una buona connessione Internet non gli consente di starsene a casa o in qualunque altro luogo, collegato con il suo ambiente di lavoro. Oggi in una videoconferenza a due dimensioni, domani usando ologrammi a tre dimensioni. E infatti il secondo grande capitolo, collegato al primo come un gemello, si chiama «It» (*Information Technology*). La capacità di archiviare, trattare, analizzare e condividere dati e informazioni attraverso l'informatica e l'uso di reti di connessione.

Ma la possiamo intendere anche in un significato più ampio. Se le prime rivoluzioni industrial-tecnologiche hanno avuto fondamentalmente a che fare con una maggiore disponibilità di energia (macchine a vapore, elettricità, petrolio), cioè con un enorme input quantitativo che ha potenziato e accelerato la capacità di lavoro, oggi ci indirizziamo fortemente verso la comprensione (informazione) dei meccanismi profondi che stanno alla base della materia e dei processi vitali. Qualcosa di simile a ciò che ha dato vita alla fisica quantistica. Conosco la struttura genetica di una pianta, di un animale e dell'uomo. La struttura atomica di un materiale. Posso intervenire prevedendo e modificando, se necessario. Ad esempio, posso mutare con una semplice operazione di laboratorio un pezzettino della struttura genetica di una pianta perché produca una vitamina in più (è il caso del *Golden Rice*), o sia in rado di resistere a un parassita, o di avere bisogno di meno acqua. *Non ho bisogno di più energia, ho bisogno di più informazione.*

La combinazione di intelligenza artificiale, *Information Technology*, conoscenza delle strutture profonde della vita e dei materiali, con l'aggiunta della capacità di essere interconnessi (non solo fra noi umani, ma anche con oggetti e macchine) a velocità sempre più elevate ci aprono orizzonti sconfinati. Fino a ieri abbiamo cercato di potenziare i nostri muscoli, oggi possiamo sviluppare a fondo la nostra intelligenza. Ma in tutti questi processi il tempo è una variabile importante. Alcune tecnologie che sono dietro l'angolo potrebbero essere accelerate in modo decisivo se fosse messa in campo la massa critica necessaria: finanziamenti, cervelli, cooperazione. E se venissero meno pregiudizi e opposizioni, che rallentano e qualche volta addirittura vietano. Come abbiamo visto e come vedremo ancora.

Il mondo dell'energia si sta modificando profondamente sulla spinta di tutti questi fattori. E riguarda l'intera filiera energetica. Produzione, reti di distribuzione, consumo.

Dopo una lunga gestazione, le fonti rinnovabili hanno ormai abbattuto la prima barriera che le rendeva scarsamente utilizzabili: il costo. Oggi, in molte parti del mondo le rinnovabili elettriche hanno costi comparabili e simili a quelli delle fonti tradizionali. Risultano quindi convenienti e facilmente finanziabili gli investimenti necessari. Inoltre, stanno migliorando passo dopo passo il loro rendimento e l'utilizzo di nuovi materiali (grafene?) può produrre ulteriori salti. Processo che riguarda l'insieme delle fonti.

Allo stesso modo, l'intelligenza artificiale e l'*Information Technology* stanno modificando il modo di funzionare delle reti. Si parla di *smart grid* per definire una rete che, anziché essere uno strumento passivo di distribuzione dell'energia elettrica (dal produttore verso il distributore), collega in modo intelligente il produttore al consumatore, ottimizzando i carichi di rete, scegliendo le fonti di produzione necessarie e opportune e realizzando un dialogo a due vie fra produzione e consumo. Anche tenendo conto del fatto che i punti di generazione sono enormemente aumentati grazie alla molteplicità degli impianti rinnovabili.

Questo rende possibile anche un secondo obiettivo. L'elettrificazione di un sempre maggior numero di consumi energetici. Sostituendo quindi combustibili fossili con elettricità prodotta con fonti rinnovabili. Il cambiamento principale ha a che fare con il trasporto elettrico, oggi utilizzato praticamente solo per mezzi come treni, metro, tram ecc., e in un futuro che è ormai dietro l'angolo disponibile invece anche per i veicoli privati.

Per arrivare in modo definitivo a questo obiettivo occorre fare un ulteriore salto di efficienza per quanto riguarda le batterie. Le batterie sono la nuova scommessa del mondo elettrico. Più aumenta la loro «densità», cioè la capacità di stoccare energia in sempre meno spazio, più la loro capacità di penetrazione aumenta. Il trasporto è solo uno dei possibili utilizzi. Un altro, altrettanto importante, è quello di compensare la debolezza delle principali fonti rinnovabili, vento e sole, vale a dire la loro intermittenza, perché non sono fonti continue e programmabili, ma disponibili secondo le condizioni atmosferiche, l'alternanza stagionale e quella fra il giorno e notte. Ma se ho la possibilità di «immagazzinare» energia elettrica potrò produrla nelle ore «buone» e usarla in quelle «cattive». Questo risolverebbe anche altri problemi. Una fonte energetica ideale deve rispondere a cinque requisiti: *concentrazione* (tanta energia in poco spazio), *programmabilità* (disponibilità a richiesta), *divisibilità* (utilizzo quanto serve), *trasportabilità* (utilizzo dove serve) e infine *basso costo*. A questi cinque requisiti «storici» se n'è recentemente aggiunto un altro: *sostenibilità*, vale a dire minori (o zero) emissioni climalteranti. Su questo ultimo punto le rinnovabili sono vincenti, ma, senza batterie efficienti, è facile intuirlo, sugli altri punti vincono ancora le fonti fossili. E infatti nel mondo la quota detenuta dal carbone per la produzione di energia elettrica continua a essere enorme e solo marginalmente intaccata. Cina e Usa stanno fortemente investendo nelle batterie e coprono, insieme alla Corea, una quota di mercato attorno al 90%. Con una forte sinergia fra investimenti privati e appoggio statale. L'Europa, purtroppo con molto ritardo, ha finalmente lanciato un programma per una nuova generazione di batterie. Per il momento, come per molti altri manufatti (pannelli fotovoltaici e pale eoliche), dipendiamo dalle importazioni.

L'energia nucleare è stata vista per molto tempo come un'ulteriore alternativa ai combustibili fossili. Il combustibile usato, l'uranio, ha un'elevatissima concentrazione energetica, incomparabile con quella di altri combustibili, e la produzione di energia elettrica è priva di qualsiasi emissione. Due gravi incidenti, Chernobyl e Fukushima, ne hanno minato la credibilità e l'aumento delle misure di sicurezza richieste, soprattutto in Europa e Usa, ne hanno di fatto arrestato lo sviluppo in questi continenti. Tuttavia, solo nel 2019 sono entrate in funzione sei nuove centrali per una potenza di oltre 6000 megawatt. Dal 2010 a oggi sono stati installati 57 mila megawatt nucleari. Per capirci, per ottenere la stessa quantità di energia prodotta con il fotovoltaico avremmo bisogno di circa 380 mila megawatt solari che occuperebbero l'equivalente di circa 500 mila ettari, qualche cosa come 200 mila campi di calcio. Altri cinquantaquattro reattori sono in costruzione in varie parti del mondo.

Vi sono inoltre in corso investimenti importanti per raggiungere standard di sicurezza inattaccabili anche modificando il *layout* progettuale. Non più reattori di grande potenza e un certo gigantismo associato, ma gruppi di potenza minore, realizzati in modo seriale e assemblati in fabbrica per ridurre i costi e dotati di sistemi di sicurezza intrinseca. Capaci cioè di arrestarsi autonomamente in caso di malfunzionamenti. Sarebbe un errore rinunciare completamente a una tecnologia capace di produrre enormi quantità di energia elettrica a zero emissioni. Rimane poi sullo sfondo la speranza della fusione nucleare, capace di moltiplicare di molte volte la produzione di energia elettrica e di ridurre i rischi praticamente a zero. Ma onestamente si tratta di una prospettiva ancora lontana nel tempo.

Infine, vi è il capitolo idrogeno, a cui la Germania ha appena destinato un programma di ricerca e sviluppo per otto miliardi di euro. L'idrogeno non è un combustibile, ma un «vettore», cioè un contenitore di energia secondaria, che va prodotto con procedimenti che a loro volta consumano energia. Per le leggi generali della termodinamica l'energia contenuta nell'idrogeno sarà sempre minore dell'energia usata per produrlo. Ma ha il vantaggio di stoccare energia, quasi come se fosse una batteria, di essere facilmente trasportabile e di poter essere prodotto utilizzando energia solare o altre fonti rinnovabili anche in luoghi dove ne esiste una grande disponibilità, ma uno scarso consumo (deserti). Può svolgere varie funzioni. Ad esempio essere miscelato nella rete del gas, impiegato nell'autotrazione, utilizzato per produrre energia elettrica.

Tutto questo riguarda però prevalentemente la produzione di energia elettrica. Ma essa oggi rappresenta all'incirca il 20% dei nostri consumi energetici totali. Il resto, trasporti, riscaldamento, molte industrie, utilizza combustibili fossili. Mentre la produzione elettrica da fonti rinnovabili se calcolata solo sui consumi elettrici ha già raggiunto quote importanti, sopra il 20%, che continuano a crescere, quando la osserviamo come quota dei consumi energetici totali, cioè tutti quelli che non usano solo l'elettricità, ma altri combustibili fossili, dobbiamo accontentarci di percentuali ancora al di sotto della doppia cifra. Per la precisione, i dati dell'Agenzia internazionale dell'energia per il 2019 ci dicono che il contributo dell'energia solare non raggiunge l'1% dei consumi totali, quello del vento sta appena sopra l'1% e l'idroelettrico, per la maggior parte realizzato nel glorioso Novecento, intorno al 3%.

Qui la partita è molto più complessa e difficile, ma ancora una volta non ci sono alternative all'innovazione. Per quanto riguarda il trasporto passeggeri, come già detto, sia il trasporto elettrico tradizionale (treni, metro, tranvie ecc.), sia l'auto elettrica rappresentano una valida alternativa. Il punto critico riguarda solo il tempo necessario a una sostituzione massiva. Per il trasporto merci, cioè navi e camion, e per il trasporto aereo le cose sono molto più difficili. Servono motori di grande potenza, che non possono essere alimentati da batterie che, se usate, avrebbero un peso e una dimensione almeno per il momento incompatibili. Anche se alcuni esperimenti sono già in corso e probabilmente un'ottima soluzione potrebbe essere rappresentata da motori ibridi: endotermici ed elettrici insieme. Inoltre vi è sempre la strada maestra dell'efficienza. Efficienza dei motori, efficienza del design, miglioramento dei materiali per avere veicoli più leggeri. Si cominciano a sperimentare anche combustibili sintetici che hanno la stessa densità energetica di quelli tradizionali. Anche l'idrogeno potrebbe essere un ottimo combustibile.

Allo stesso modo miglioramenti consistenti possono essere ottenuti nell'utilizzo dei combustibili fossili per il riscaldamento. Sono possibili oggi soluzioni ad alta efficienza come le pompe di calore elettriche. E ancora, il miglioramento del rendimento energetico degli edifici (cappotti termici e infissi) e l'applicazione estesa di sistemi di domotica in grado di ottimizzare i nostri consumi, evitando sprechi dovuti all'insufficiente conoscenza e padronanza degli effettivi bisogni di riscaldamento e illuminazione.

DA PINOCCHIO A «MASTERCHEF»

L'agricoltura è un altro dei settori dove possono essere introdotte profonde innovazioni. E dove spesso domina una narrazione semplicistica e fuorviante. Uno dei tanti esempi è il rapporto della Ong Oxfam sul contributo dei sistemi di produzione di alimenti in relazione ai cambiamenti climatici, in cui si legge: «In tutto il mondo, gli agricoltori stanno ottenendo raccolti sempre più ridotti ed hanno bisogno di aree di produzione sempre più vaste, contribuendo all'aumento del prezzo delle derrate».

Le cose stanno invece proprio nel modo opposto. Prendiamo un alimento base come i cereali e vediamo i dati pubblicati dalla Fao. Da 877 milioni di tonnellate nel 1961 si è passati a 2 miliardi e 801 milioni nel 2014, con un incremento totale di quasi il 320% e una crescita media annua di 54 tonnellate. Com'è stato ottenuto questo aumento? Solo in parte minore grazie a una crescita della superficie coltivata. Soprattutto a causa dell'aumento della produttività, che è passata dai 13 quintali per ettaro del 1960 ai 39 quintali per ettaro del 2014. Un salto impressionante. Le cui conseguenze migliori, al contrario di quanto sostiene Oxfam, sono state un aumento della disponibilità di cibo a prezzi sempre più bassi, che ha ridotto drasticamente la fame nel mondo. Così siamo passati dalla penuria che domina il racconto di Pinocchio alle trasmissioni televisive come *Masterchef*, per buongustai.

Il mondo dell'agricoltura è un esempio perfetto del disaccoppiamento fra risorse usate, in questo caso il terreno, e l'output economico. Secondo i dati della Fao, la superficie media necessaria a sfamare una persona si è dimezzata dal 1960 al 2006. Da 0,45 ettari per persona a 0,22 ettari. Grazie all'estensione dei sistemi irrigui, all'uso dei trattori, dei concimi e degli antiparassitari e di tecniche colturali sempre più avanzate. Un insieme di strumenti che ha preso il nome di «rivoluzione verde». E sempre secondo la Fao, fra il 1960 e il 2012 le terre destinate a colture alimentari sono aumentate solo del 12%, mentre la produttività agricola mondiale nello stesso periodo è cresciuta del 150-200%. Il numero di occupati nel settore agricolo si è ridotto drasticamente, in Italia siamo passati dal 43% della popolazione attiva impiegata in agricoltura nel secondo dopoguerra a meno del 10%, avendo nel frattempo aumentato la produzione totale.

L'agricoltura comporta diversi problemi di impatto ambientale. Essa ha goduto di apporti energetici straordinari grazie all'uso di fertilizzanti e di antiparassitari, che nel tempo hanno sedimentato diversi problemi erodendo la qualità dei terreni e riducendo la biodiversità dei terreni agricoli.

Il modo più sbagliato per affrontare il problema è la narrazione che contrappone agricoltura tradizionale e agricoltura biologica. Lasciando perdere teorie e pratiche che rasentano la stregoneria, come l'agricoltura biodinamica, che però trova un'ingiustificata attenzione nel nostro paese. Lune piene, corna di bue e pelli di topo fanno parte di un armamentario fatto più di superstizione che di approcci razionali.

L'agricoltura biologica, un'agricoltura che cerca di limitare al massimo il ricorso a sostanze chimiche, ma non ne è completamente priva, rappresenta una realtà importante, che si è scavata una nicchia di mercato con prodotti di fascia alta sia per prezzo che per tipologia di consumatori. Peraltro, è particolarmente idonea ad alcune zone del nostro paese, che non dispone di grandi aree agricole, a parte le poche pianure, ma di diverse aree con colture tipiche e di qualità. Ma è impensabile nutrire sette miliardi e più di persone con l'agricoltura biologica. Le rese per ettaro sono molto inferiori e nelle colture base dell'alimentazione umana, riso e cereali, anche scarsamente utilizzabili. Ma anche colture tipiche del nostro paese, ad esempio la vite, con cui produciamo vino d'eccellenza e teniamo in attivo la nostra bilancia dei pagamenti, deve necessariamente fare un largo ricorso agli antiparassitari, di cui è la prima utilizzatrice, per non essere distrutta da varie e ricorrenti malattie.

In realtà, dovremmo vedere l'agricoltura moderna come un *continuum* tra forme più tradizionali e forme più avanzate, dove l'obiettivo di aumentare quantità e qualità delle produzioni agricole e quello di ridurre l'impatto ambientale complessivo marciano insieme. Tutti gli studi concordano sul fatto che l'esame dell'agricoltura ad alto rendimento (soia, mais, cotone) constata un calo del 37% nell'uso degli agrofarmaci e un aumento dei raccolti del 22%. Ciò che si sta via via affermando è un'agricoltura denominata «di precisione», dove ancora una volta innovazione di processo e di prodotto si mescolano al potenziamento realizzato da Ai, It, Iot (*Internet of Things*) con risultati potenzialmente straordinari. Cito per esteso la descrizione che ne fa Antonio Pascale, tecnico agronomo e giornalista: «Immaginate un televisore con maxi schermo, ecco, quello è il vostro appezzamento agricolo. Vedete l'immagine, e magari, in generale, vi sembra buona, eppure, a consuntivo, trovate delle sorprese: qualcosa non va (che so, il nostro schermo consuma troppo, le prestazioni rallentano quando meno ve l'aspettate, sfocature, increspature ecc.)».

Perché? Per scoprirlo l'agricoltura di precisione scompone lo schermo in singoli pixel, trasforma il campo in tanti microcampi. Ogni pixel, ogni metro quadro di terreno viene mappato (quanto azoto? e fosforo, o potassio? ci sono falde acquifere, elementi podologici che creano condizioni critiche?) sia dall'alto (con satelliti, droni) sia dal basso (con altri tipi di sensori). Alla fine integrando i dati vengono fuori bellissime mappe colorate. Se mi permettete un'analogia narrativa, il nostro campo diventa un personaggio vivo e con parecchie sfumature, di colore e intensità tonale. Possiamo vedere in quale microcampo si produce di più (e capire il perché), in quale microcampo di meno (e capire il perché). Qui già c'è un elemento di novità da segnalare: non si cerca di spingere sempre più in alto la produzione, ma si tenta di tirar fuori da ogni singolo pixel il suo massimo potenziale produttivo.

Diciamo che nel nostro campo produciamo cereali per cinque tonnellate per ettaro. Ciò vuol dire che in un punto ne produrremo sette, in altri quattro, in altri due, in altri cinque, e poi queste rese faranno, appunto, media: cinque tonnellate. Se vogliamo aumentare la produzione, l'agricoltore sceglierà varietà che puntano ancora più in alto, che so, a otto tonnellate, così da aumentare la media in campo (in un punto otto, in un altro cinque, e così via). Ma se invece di cercare rese più alte, quindi spingere sempre sull'acceleratore (più input), cerco di capire perché in quello specifico punto produco di meno (poco azoto? ristagno idrico? attacco parassitario in corso?). Perché in quei punti la media si abbassa? Allora, posso sistemare il mio pixel malfunzionante e modulare l'immagine generale, cioè tirare fuori da ogni microcampo la potenzialità produttiva e qualitativa, così da migliorare (omologare la produzione per) l'intero campo.

Seconda novità: con l'agricoltura di precisione, posso risparmiare, e tanto anche. Che senso ha mettere la stessa quota di azoto in tutto il campo se in un punto i sensori mi segnalano la giusta presenza di azoto? E, scusate il bisticcio, per far capire la precisione dell'agricoltura di precisione, se mi accorgo che in determinati settori del campo, che so, il terreno è più compatto (dunque meno ospitale) causa calpestio macchine (magari l'angolo di sterzata è troppo ampio), posso far leggere la cartografia completa del mio campo al satellite e teleguidare con precisione millimetrica la macchina (una seminatrice, una concimatrice) affinché non calpesti quei settori del campo.

Posso intervenire con agrofarmaci solo se l'attacco è sopra una certa soglia critica, risparmiando sui costi (e sulla chimica). Posso settare le macchine affinché queste si adeguino alle reali condizioni del campo, che si sa, sono mutevoli e cangianti, variano da pixel a pixel, da metro quadro a metro quadro. Posso usare le biotecnologie (il miglioramento genetico è essenziale per l'agricoltura di precisione) per rafforzare le piante affinché si difendano meglio dai patogeni e con propri mezzi. Tutto questo è già possibile e altre belle cose ancora, ma nella sostanza capite bene: l'agricoltura 4.0 richiede un approccio integrato.

Il contadino bucolico sparisce e nasce quello tecnologico, capace di collaborare con agronomi, informatici, ingegneri, perché ognuna di queste figure professionali lavora al buon funzionamento del suo singolo pixel, ma i pixel devono poi unirsi per formare l'immagine generale.

L'agricoltura di precisione ha bisogno anche del ricorso alle tecniche di modificazione genetica. Quel che il contadino faceva in diversi anni o decenni per ottenere specie migliori e più resistenti grazie agli incroci, oggi può essere realizzato in laboratorio lavorando sulla struttura genetica della pianta. Ad esempio utilizzando la tecnologia Crispr – una sorta di taglia, copia e incolla di piccole porzioni di codice genetico, dal quale vengono eliminati frammenti «negativi», sostituiti con geni in grado di svolgere al meglio alcune funzioni. Ad esempio resistere a un certo parassita. Si tratta di una tecnica assai poco intrusiva, che non crea alcun mostro, ma semplicemente corregge alcuni difetti. Come è stato fatto per combattere la fillossera – vera e propria dannazione dei vitigni europei nella seconda metà dell'Ottocento –, innestando le viti europee su piedi di vitigni americani resistenti a questo specifico parassita. Ugualmente si può fare ricorso alla «cisgenesi», vale a dire al trasferimento di geni da piante della stessa specie, sempre con l'obiettivo di migliorare il patrimonio genetico. Vediamo cosa dice ad esempio uno dei più grandi viticoltori italiani, Angelo Gaja, protagonista dell'eccezionale sviluppo dei vini delle Langhe: «Sfatiamo il tabù delle viti Ogm, che sarà la salvezza del vino italiano.

Solo con il trasferimento di geni da piante della stessa specie (cisgenesi) si può dare un futuro ai grandi vini italiani. Se i ricercatori non verranno autorizzati ad applicare le nuove tecniche genetiche, le nostre vigne non hanno futuro. So bene che la cisgenesi è considerata una tecnica Ogm e gli organismi geneticamente modificati nei campi appaiono a tanti come una bestemmia. Ma di fronte ai nemici (come ad esempio la peronospora che secca foglie e grappoli e l'oidio che infetta tutti gli organi verdi della pianta) non si può stare fermi. C'è chi nelle cantine è contento perché con l'aumento delle temperature le vendemmie di buona qualità sono più frequenti. Ma c'è purtroppo l'altra faccia della medaglia, ovvero che con il caldo e la scarsità di pioggia sono arrivate malattie parassitarie vecchie e nuove, la sofferenza di vigneti a causa di periodi troppo a lungo siccitosi, le uve che arrivano in cantina troppo calde, ancora coperte di antiparassitari che la siccità non ha concesso di dilavare. Bisogna che il nostro Paese autorizzi i ricercatori ad accedere alle nuove tecniche. Il mondo del vino deve evitare il pericolo più grave... Stare fermo!».

MATERIALI DA SOGNO

Un ulteriore capitolo dei benefici che può regalare all'ambiente un processo spinto di innovazione tecnologica, alla quale occorrerebbe destinare ingenti risorse, è rappresentato dai «nuovi materiali», resi possibili dalla conoscenza profonda della struttura della materia e dalla capacità di riprodurla e ingegnerizzarla in laboratorio prima e in fabbrica dopo.

Si tratta di materiali molto leggeri, più resistenti dell'acciaio, capaci spesso di condurre elettricità in modo ultraperformante e con capacità di isolamento e scarsa dispersione del calore. E quindi molto efficienti dal punto di vista energetico.

La star assoluta fra di essi è la grafite, vale a dire il materiale con cui sono fatte le matite, abbondante e conosciuto. Andrej Gejm e Konstantin Novosëlov, che hanno per questo vinto il Nobel, sono riusciti a «sfogliarla» (la grafite è composta da innumerevoli «fogli» sovrapposti), così da ricavarne un materiale a due dimensioni, con lo spessore pari a quello di un solo atomo, chiamato «grafene». Spalmando un grammo di grafene si ottiene una superficie pari alla metà di un campo di calcio. Ha la durezza del diamante e la flessibilità della plastica ed è centinaia di volte più resistente dell'acciaio. È biodegradabile, impermeabile, ignifugo e trasparente. Secondo i suoi scopritori, un foglio di grafene del peso di 0,7 milligrammi può sostenere un peso di quattro chilogrammi ed essere praticamente invisibile. Le sue potenziali applicazioni sono sterminate. In campo energetico, potrebbe portare a una nuova generazione di batterie con maggiore densità, a un forte incremento dell'efficienza dei pannelli fotovoltaici per la produzione di elettricità, a una eccezionale capacità di coibentazione. Potrebbe entrare a far parte dei materiali di costruzione migliorandone la resistenza e la durata. Più una serie ulteriore di applicazioni in tanti altri settori, dall'abbigliamento agli pneumatici, con il risultato di aumentarne la capacità di proteggere dal caldo e dal freddo, di incrementarne la resistenza e la durata.

Ma il grafene è solo uno di vari «miracolosi» nuovi materiali dai nomi fantasiosi. Airloy, microlattice, Stanene, nanotubi in perovskite. Materiali leggerissimi, ma assai resistenti e capaci talvolta di sopportare migliaia di volte il loro peso. Isolanti perfetti e altrettanto perfetti conduttori di elettricità o immagazzinatori e trasmettitori di informazioni. La realizzazione di materiali compositi, che svolgono la stessa funzione dell'acciaio ma sono sempre più leggeri, è da tempo in corso e trova già applicazioni importanti. Nei veicoli da trasporto, aerei compresi, riducono notevolmente il peso e quindi i consumi energetici. Secondo vari esperti, la riduzione di un chilogrammo nel peso di un aeroplano significa risparmio di combustibile per qualche migliaio di euro l'anno. Ora, grazie alle nanotecnolgie, cioè alla possibilità di progettare nuovi materiali partendo dagli atomi che li compongono, questo campo si sta allargando enormemente.

L'AUTOMOBILE CHE VERRÀ

Proviamo a mettere insieme tutte queste cose e a immaginarle in funzione applicate a un oggetto che conosciamo da più di un secolo e a cui siamo molto affezionati. L'automobile.

Poche cose hanno ricevuto tanto amore e tanto odio. Da una parte, ci ha regalato la libertà di muoverci con un'enorme flessibilità, ed è divenuta quasi il prolungamento della casa che abitiamo. Dall'altra, ha richiesto un sacrificio altrettanto grande. Centinaia di migliaia di morti e feriti, decine di milioni nella sua storia, in incidenti vari, congestioni e perdite di tempo enormi e soprattutto inquinamento, tanto inquinamento. Con annesse non poche guerre per il controllo di quella sostanza, il petrolio, che non a caso è stato chiamato l'«oro nero». Il combustibile che ha fatto andare avanti il mondo nell'ultimo secolo. Le città hanno dovuto essere ridisegnate per farle spazio.

L'automobile ha ricevuto attacchi durissimi, ma ha sempre vinto. Mentre le varie rivoluzioni tecnologiche cancellavano dalla faccia della Terra miliardi di oggetti divenuti obsoleti, essa ha continuato a moltiplicarsi e a popolare la Terra. Saturati i territori conosciuti, Europa e Usa, si è rivolta a Oriente, dove continua la sua inarrestabile crescita.

Deve avere letto i saggi di Darwin sull'evoluzione delle specie e la sopravvivenza dei più adatti, perché è andata modificandosi nel tempo, producendo diverse varianti e incorporando i geni di altre specie tecnologiche, così da risultare sempre più forte e adatta a sopravvivere. Il suo abitacolo è diventato più confortevole grazie all'aria condizionata, agli impianti Hi-Fi, ai materiali e all'ergonomia dei sedili. È divenuta più sicura, grazie a materiali più resistenti, all'airbag e alle cinture di sicurezza. Ringraziando la telefonia cellulare, ha superato di un balzo quello che appariva l'ostacolo più grande. Il tempo sprecato. Oggi molti confessano che un bell'ingorgo è l'occasione migliore per evadere le telefonate arretrate o chiacchierare con gli amici, magari anch'essi bloccati in qualche altro ingorgo. Poi ha incominciato a incorporare tutte le diavolerie che Internet e altre tecnologie, ad esempio il Gps, ci hanno regalato, a cominciare dai navigatori che prima ci indicavano solo la strada giusta e oggi ci suggeriscono anche quella migliore da percorrere, evitando le congestioni. Si calcola che essi ci facciano risparmiare qualche centinaio di milioni di ore di guida e altrettanto carburante. Si appresta a respingere l'attacco più insidioso, l'inquinamento, proponendoci veicoli elettrici silenziosi e puliti. I suoi oppositori non hanno più argomenti. Ma il bello deve ancora venire. Perché adesso si sta preparando all'ultimo salto evolutivo, appropriandosi di tutto ciò che offre l'intelligenza artificiale, l'*Information Technology*, l'*Internet of Things*, i nuovi materiali superleggeri e le connessioni ultrarapide del 5G. Con in più una bella spruzzata di *share economy*.

Entriamo allora nel nuovo mondo. Prima di tutto, immaginatevi un'automobile che pesa la metà di quelle di oggi, ma è anche più resistente grazie ai nuovi materiali. Che diventa supersicura grazie a sistemi proattivi che visualizzano anticipatamente ogni tipo di ostacolo. Che è alimentata da una batteria elettrica in grado di ricaricarsi molto rapidamente e di garantire un chilometraggio adeguato. Ma, soprattutto, che non dovete guidare, perché grazie a radar, *detector* vari e navigatori, dopo che avete impostato il percorso potete rilassarvi, telefonare, smanettare su Internet, vedervi un film e persino amoreggiare con il vostro partner. Da voi è arrivata perché l'avete chiamata con lo smartphone e quando avete finito, va da sola a prendere vostro figlio per portarlo a scuola o a trovarsi un parcheggio dove ricaricarsi. Potrebbe far parte di una flotta condivisa, esattamente come le biciclette elettriche che ormai popolano tutti i comuni italiani, e in questo modo ridurre di qualche fattore l'enorme numero di auto in circolazione. In circolazione? Per la verità, la maggior parte di esse oggi sta ferma da qualche parte occupando migliaia di chilometri quadrati di prezioso suolo urbano, che potrebbe essere restituito a usi collettivi.

Possiamo immaginare molti altri settori delle attività umane dove la combinazione di tutti i fattori descritti possono portare cambiamenti profondamente migliorativi. Perché questo avvenga occorre che l'ambientalismo, il nostro desiderio di vivere in un ambiente ricco ed equilibrato, abbandoni ogni ideologia regressiva e sposi invece la strada maestra dell'innovazione tecnologica. L'unica in grado di realizzare quel disaccoppiamento fra quantità di risorse consumate e qualità della vita e del benessere su cui siamo già incamminati, ma che dobbiamo accelerare. Purtroppo invece spesso esso sposa, anche in autorevoli commentatori, un'ideologia regressiva dominata dal pessimismo e dal rifiuto delle enormi potenzialità che ci sono offerte da un numero incomparabile di nuove tecnologie.

La politica ambientale è piena di buone intenzioni, ma dovrebbe essere giudicata non da esse, ma dalla capacità di ottenere risultati positivi e misurabili. Spesso fra le due cose la distanza è enorme. L'obiettivo di una politica ambientale pragmatica e soprattutto efficace, capace di ottenere il necessario consenso, dovrebbe essere quello di preservare l'ambiente, ridurre le emissioni, proteggere la biodiversità e al tempo stesso conservare e migliorare il livello di benessere della popolazione mondiale, stimolando la crescita economica nella giusta direzione. Tutti questi obiettivi possono essere raggiunti attraverso una strada maestra, che è a nostra disposizione. Stimolare l'innovazione tecnologica in modo tale da rendere permanente ed efficace il disaccoppiamento fra crescita economica e consumo di risorse naturali e ambientali. Fare di più con meno.

Per questo occorre abbandonare ogni nostalgia del passato, ogni odio per la modernità, ogni diffidenza verso l'innovazione tecnologica e l'economia di mercato, verso le imprese grandi e piccole che questo miglioramento ricercano testardamente. Abbandonare anche la contrapposizione fra Stato e mercato, per sviluppare invece una proficua collaborazione. Obiettivi, tasse ambientali, incentivi, programmi di ricerca possono essere utilmente messi in campo dagli Stati nazionali e dalle istituzioni internazionali. Ma è solo all'interno di una dinamica economica di mercato e con l'impegno delle imprese e degli imprenditori che l'innovazione diventa praticabile e disponibile.

Nel pensiero ambientalista due impostazioni si sono sempre confrontate e ultimamente anche fortemente contrapposte.

La prima impostazione, che chiamerei «nostalgica» – anche se talvolta andrebbe definita apertamente «reazionaria» –, è fondata sul rimpianto del bel mondo antico ed è sostanzialmente nemica della modernità, a cui imputa tutta la responsabilità dei danni ambientali. Fino a sconfinare in un vero e proprio disgusto per la società di massa, per l'eccesso di popolazione, per l'industria e la tecnologia, per i danni collaterali prodotti sull'ambiente da questa crescita. Fino a ieri erano fondamentalmente due. Elevati tassi di inquinamento in molte aree del mondo e riduzione della biodiversità. Ai quali si è aggiunto negli ultimi decenni, su una scala completamente diversa, il problema del cambiamento climatico prodotto dall'aumento dell'effetto serra.

È dall'inizio degli anni sessanta che comincia a manifestarsi in Occidente questa sensibilità ambientale. I sociologi americani la definirono come l'emergere di bisogni postmateriali. In altri termini, risolto grosso modo il problema della sopravvivenza e conquistato un relativo benessere, era venuto il tempo di occuparsi anche della qualità della nostra vita. Il cambiamento è stato importante e gradualmente sempre più forte.

Dagli anni settanta in avanti, le cose sono cominciate a cambiare. Sono state introdotte legislazioni sempre più severe in materia di riduzione dell'inquinamento, si è dedicata maggiore attenzione alla protezione delle risorse naturali, sono stati istituiti in tutto il mondo parchi e riserve. Nei paesi di industrializzazione più antica, compresa l'Italia, si è sviluppato anche un processo di progressiva conversione dell'industria tradizionale. Da una parte, sono stati adottati sistemi sempre migliori di abbattimento dei fattori inquinanti e di trattamento dei rifiuti industriali; dall'altra, molte produzioni sono state abbandonate a favore di paesi prevalentemente asiatici con costi assai più bassi, e abbiamo assistito a una progressiva terziarizzazione dell'economia. Nonostante i problemi continuino a esistere, i passi in avanti sono stati notevoli. Londra è oggi una città incomparabile con quella della gravissima emergenza smog, provocata soprattutto dall'uso urbano del carbone per riscaldamento, che dovette fronteggiare anche Winston Churchill. Ma anche in Italia, nelle città che una volta costituivano il triangolo industriale (Milano, Genova, Torino), la qualità dell'aria è migliorata del 90% rispetto agli anni cinquanta. Sono inoltre cambiate le principali fonti di inquinamento, con un drastico calo delle emissioni di origine industriale e la conseguente crescita percentuale di inquinamento da traffico, riscaldamento, agricoltura. Ma, ripeto, all'interno di una drastica riduzione complessiva.

Lo stesso trend hanno seguito in misura maggiore o minore quasi tutti i paesi in fase di industrializzazione avanzata, quasi a conferma del carattere postmateriale di questa fase delle agende politico-economiche. La stessa cosa sta succedendo da non molti anni in Cina. Questo paese, divenuto nell'arco di pochi lustri la «fabbrica del mondo», ha in questo modo migliorato consistentemente la sua situazione economica, creato un vero e proprio ceto medio, favorito la migrazione di centinaia di milioni di persone dalla campagna verso le zone industriali delle città, peggiorando drammaticamente l'inquinamento dei centri urbani, a cominciare da Pechino. E ha quindi iniziato politiche attive di riduzione dell'inquinamento, investendo somme enormi, ad esempio nello sviluppo delle fonti rinnovabili. Certo la sua fame di energia è talmente grande che il carbone rimane la fonte principale, ma la diversificazione è iniziata con le rinnovabili, con il nucleare, con la promozione dell'auto elettrica e con una legislazione più severa in campo ambientale.

La seconda impostazione potrebbe essere definita, usando un termine coniato da uno dei primi ambientalisti italiani, Giorgio Nebbia, «neotecnica». Essa affida la speranza di una riconciliazione fra l'uomo e l'ambiente a uno sviluppo ulteriore di tecnologie meno invasive capaci di portarci verso un'economia sempre più dematerializzata. Una volta avremmo potuto definire le due posizioni come di destra e di sinistra. Ma l'«ambientalista collettivo» ha fatto strage di queste distinzioni accomodandosi in una narrazione piena di luoghi comuni e di invocazioni tanto alte quanto prive di efficacia. Per quanto mi riguarda, milito senza alcun dubbio a favore della seconda impostazione. Le uniche innovazioni che stanno cambiando la relazione uomo-ambiente stanno venendo da alcuni «salti tecnologici» che dovremmo non solo assecondare, ma spingere con forza. Utilizzando al meglio, e non sprecando, le risorse disponibili.

Abbiamo visto come il consumo di risorse naturali pro capite in relazione all'output economico prodotto e al livello raggiunto dalla popolazione umana sia nettamente migliorato rispetto all'epoca preindustriale. Certo è aumentato anche l'impatto complessivo generato da più di sette miliardi di persone. Ma le cose stanno nuovamente virando e se sapremo assecondare la giusta direzione del cambiamento non c'è nulla da temere per il nostro futuro. Anzi.

Perché questo sia possibile vi è un'ulteriore condizione, minacciata oggi da altre ideologie regressive. Questo processo presuppone società aperte. Al contrario globalizzazione, libero mercato, cooperazione sono sotto accusa da parte di un mondo impaurito e di leader demagogici, che alzano muri e cercano capri espiatori su cui scaricare la paura degli elettori. La caduta del muro di Berlino non è stata la fine della storia, ma i progressi che ne sono derivati grazie all'estensione della libertà di scambio sono innegabili. Anche uno Stato antidemocratico e autoritario come la Cina è stato trascinato da questa ondata che ha enormemente migliorato le condizioni di vita dei suoi cittadini e ne ha fatto un leader tecnologico.

Se prevarranno la fiducia, gli scambi culturali e commerciali, la cooperazione, l'intraprendenza di migliaia di imprenditori che hanno fatto dell'innovazione la loro stella polare, non vi è ragione perché debba prevalere il pessimismo.

Stampato da
Grafica Veneta s.p.a., Trebaseleghe (PD)
per conto di Marsilio Editori® in Venezia

EDIZIONE	ANNO
10 9 8 7 6 5 4 3 2 1	2020 2021 2022 2023 2024